MgO-CaO-ZrO$_2$ 系合成耐火材料及应用

游杰刚　王建东　罗旭东　著

北 京
冶 金 工 业 出 版 社
2020

内 容 提 要

本书主要介绍锆酸钙材料的合成以及 $MgO\text{-}CaO\text{-}ZrO_2$ 系复相材料在钢铁冶金中的应用。首先，阐述耐火材料与洁净钢的关系，以及 $MgO\text{-}CaO\text{-}ZrO_2$ 复相材料对洁净钢的重要影响；其次，从生产实际出发，研究了合成锆酸钙材料的生产工艺以及 $MgO\text{-}CaO\text{-}ZrO_2$ 复相材料的生产工艺，重点研究了锆酸钙材料对钢液洁净度的影响与侵蚀机理；最后，结合生产实际，分析了 $MgO\text{-}CaO\text{-}ZrO_2$ 复相材料的合成以及该材料抵抗 AOD 炉渣的侵蚀性能和 $MgO\text{-}CaO\text{-}ZrO_2$ 复相材料在中间包气幕挡墙材料和钢包内衬上的应用。

本书适合无机非金属材料、冶金工程等学科的科研工作者阅读，也可供耐火材料等相关领域的工程技术人员参考。

图书在版编目(CIP)数据

$MgO\text{-}CaO\text{-}ZrO_2$ 系合成耐火材料及应用/游杰刚，王建东，罗旭东著. —北京：冶金工业出版社，2020.6
ISBN 978-7-5024-8510-8

Ⅰ.①M… Ⅱ.①游… ②王… ③罗… Ⅲ.①镁质耐火材料—合成材料—研究 Ⅳ.①TQ175.71

中国版本图书馆 CIP 数据核字(2020)第 088638 号

出 版 人　陈玉千
地　　址　北京市东城区嵩祝院北巷 39 号　邮编　100009　电话　(010)64027926
网　　址　www.cnmip.com.cn　电子信箱　yjcbs@cnmip.com.cn
责任编辑　杨　敏　宋　良　美术编辑　吕欣童　版式设计　孙跃红
责任校对　卿文春　责任印制　李玉山
ISBN 978-7-5024-8510-8

冶金工业出版社出版发行；各地新华书店经销；三河市双峰印刷装订有限公司印刷
2020 年 6 月第 1 版，2020 年 6 月第 1 次印刷
169mm×239mm；14.25 印张；278 千字；218 页
88.00 元

冶金工业出版社　投稿电话　(010)64027932　投稿信箱　tougao@cnmip.com.cn
冶金工业出版社营销中心　电话　(010)64044283　传真　(010)64027893
冶金工业出版社天猫旗舰店　yjgycbs.tmall.com
(本书如有印装质量问题，本社营销中心负责退换)

前　言

　　$MgO\text{-}CaO\text{-}ZrO_2$ 系合成耐火材料是以方镁石、方钙石和锆酸钙为主晶相的一类复相耐火材料，这类耐火材料具有耐高温、良好的高温化学稳定性、耐金属和碱性炉渣侵蚀等优点，被广泛应用于有色金属、钢铁、水泥等高温工业领域中。$MgO\text{-}CaO\text{-}ZrO_2$ 系合成耐火材料原料、制备工艺等对制品组成、结构和性能等方面具有重要影响，对于不同工艺制备的 $MgO\text{-}CaO\text{-}ZrO_2$ 系复相耐火材料的应用，以及构建 $MgO\text{-}CaO\text{-}ZrO_2$ 合成耐火材料原料、工艺与制品组成、结构、性能及使用的关系，进一步完善 $MgO\text{-}CaO\text{-}ZrO_2$ 系合成耐火材料体系，指导 $MgO\text{-}CaO\text{-}ZrO_2$ 系合成耐火材料生产具有重要作用。

　　本书是作者在调研 $MgO\text{-}CaO\text{-}ZrO_2$ 系合成耐火材料制备、性能与使用的基础上，结合自己的科研和生产实践编写的。本书针对 $MgO\text{-}CaO\text{-}ZrO_2$ 系合成耐火材料的原料合成、显微形貌、制品性质以及应用研究进行了分析和讨论，通过对研究成果进行归纳，系统地对 $MgO\text{-}CaO\text{-}ZrO_2$ 合成耐火材料的原料和制品的基础知识、制备工艺、影响因素和使用情况进行了论述，探索了新的研究方法，介绍了新的使用途径和制备工艺。

　　本书内容按绪论、锆酸钙材料合成原料、$MgO\cdot CaO\text{-}ZrO_2$ 合成原料、$MgO\cdot CaO\text{-}DZrO_2$ 合成原料、$MgO\text{-}CaO\text{-}ZrO_2$ 系合成耐火材料在洁净钢冶炼的应用的顺序进行编写。绪论部分介绍了洁净钢与耐火材料的关系、锆酸钙材料以及 $MgO\text{-}CaO\text{-}ZrO_2$ 系材料的研究现状；锆酸钙材料合成原料中介绍了锆酸钙材料制备工艺和研究方法；$MgO\cdot CaO\text{-}ZrO_2$ 合成原料中介绍了 ZrO_2 引入种类对 $MgO\cdot CaO\text{-}ZrO_2$ 材料性能的影响；

MgO·CaO-DZrO$_2$ 系合成原料中介绍了 MgO·CaO-DZrO$_2$ 材料的合成与性能；MgO-CaO·ZrO$_2$ 合成耐火材料在洁净钢冶炼的应用中分别介绍了锆酸钙与洁净钢的相互作用机理、锆酸钙材料在中间包用气幕挡墙材料中的应用、镁钙锆制品在洁净钢包冶炼中的应用。本书对 MgO-CaO-ZrO$_2$ 系合成耐火材料的原料制备、制品生产以及使用等方面进行了系统介绍，既可以作为从事耐火材料研究人员的参考书，也可以作为耐火材料一线生产的参考资料。

本书由辽宁科技大学游杰刚、罗旭东和青花耐火材料研究院王建东合著。

辽宁科技大学曲殿利教授和辽宁省非金属矿工业协会张国栋会长审阅了本书初稿。在编写过程中，得到了辽宁省镁质材料工程中心张玲老师、王春艳老师、张小芳博士的热心帮助；辽宁科技大学镁质材料工程研究中心李志坚教授、关岩副教授、吴峰副教授和栾旭工程师在实验过程中给予了支持；濮阳耐火集团贺中央经理和孟洪涛高级工程师，营口青花集团韦华平工程师、杨晓峰工程师以及大石桥宝鼎公司庞宝贵经理，提供了帮助和支持；还得到了辽宁科技大学高培亮、曹一伟、夏澈、郎杰夫、司超伟等研究生的大力支持。

本书内容涉及的主要研究工作得到了国家自然科学基金联合项目（U1908227）和辽宁省教育厅重点基金（编号 2017LNZD06）的资助，本书的出版得到了辽宁科技大学 2019 年学术著作出版基金的资助。

对以上的帮助和支持，在此一并表示衷心的感谢。

由于编者水平有限，书中不妥之处，敬请读者批评指正。

作　者

2020 年 3 月

目　　录

1 绪 论

1.1 洁净钢概念的形成及洁净钢的发展

洁净钢一词最早作为科研名词是在 1962 年 Kiesshing 写给英国钢铁学会起草的报告中提出的，当时被用来泛指 O、S、P、H、N 以及 Pb、As、Cu、Zn 等杂质元素含量低的钢。自 20 世纪 70 年代第一次石油危机从两个方面促进了洁净钢的商业化批量生产。第一是由于能源危机和石油价格的高涨，使得节油型汽车大规模的出现并生产；其中最重要的一项就是汽车生产企业要求钢铁企业必须提供冲压成型性良好、强度高、易于焊接的车身用冷轧薄板，以降低汽车自重，减少汽车油耗。第二是石油和天然气的长距离运输需要耐压高，耐 H_2S、H_2O 和 CO_2 腐蚀，同时还要能承受低温及海底的工作环境的管线用钢材。商业化的生产应用最终使洁净钢从一个科研名词转化为量化生产；随后各钢铁生产大国先后在一些钢铁企业形成了一批洁净钢生产平台。此后洁净钢的生产和应用逐渐拓展到了从超低碳钢到高碳钢的广泛领域。

不过到目前洁净钢的概念尚无统一定义；但是在行业内形成了一个广泛的共识：洁净钢是钢中杂质元素含量低的钢种，钢中非金属夹杂物的含量、大小和尺寸应该严格控制在某一范围内，对钢材的使用不产生危害。

虽然用户对钢材的质量要求越来越高，随之对钢液的洁净度要求也是越来越高，但是钢液的洁净度总是相对的。因为钢液在冶炼的过程中总是要与耐火材料、炉渣接触，同时在凝固过程中也不可避免地存在杂质元素的偏析及二次反应等影响，所以绝对纯净的钢是无法进行商业化生产的。因此，从某种意义上讲钢液的洁净度要求是用户和钢铁生产企业之间谈判、协商的结果。当然随着冶金设备和工艺技术水平的进步，钢中杂质含量所能达到的水平也在不断地降低。表1.1 为钢中五大有害元素 S、P、N、H、O 控制水平的演变情况。

表 1.1 钢液中五大有害元素 S、P、N、H、O 控制水平的演变（质量分数） （%）

杂质元素	1960 年	1970 年	1980 年	1990 年	1996 年
C	0.0200	0.0080	0.0030	0.0010	0.0005
S	0.0200	0.0040	0.0010	0.0004	0.0005
P	0.0200	0.0100	0.0040	0.0010	0.0010

续表 1.1

杂质元素	1960 年	1970 年	1980 年	1990 年	1996 年
N	0.0040	0.0030	0.0020	0.0010	0.0010
H	0.0003	0.0002	0.0001	0.00008	<0.0001
T〔O〕	0.0040	0.0030	0.0010	0.0007	0.0005
总计	0.0683	0.0282	0.0111	0.00318	0.0036

随着钢铁冶金工业的进步，人们预测将来钢中的五大有害元素的含量总和可达到小于 0.0050% 的水平；其中〔C〕：0.0005% ~ 0.0006%，〔S〕：0.0001% ~ 0.0005%，〔P〕：0.0008 ~ 0.0010%，〔N〕：0.0010% ~ 0.0014%，〔H〕：0.00002%，〔O〕：0.0004% ~ 0.0005%。要达到如此低的有害元素水平，同时还要实现稳定、高效、低成本的生产，必须要有相关的工艺技术、过程管理和冶炼设备作保障。

1.2 洁净钢生产技术与耐火材料的关系

洁净钢生产技术是指通过一种高效率、低成本、稳定的方式生产出洁净钢的基础性、通用性的技术。洁净钢生产技术的核心是在洁净钢生产的各环节中为下游每一道工序提供成分、洁净度和温度合格的钢液。众所周知，影响钢液洁净度的主要因素是钢中杂质元素 S、P、O、N、H（有时包括 C）等和非金属夹杂物等。而钢液中的非金属夹杂物根据来源可以分为内生夹杂物和外来夹杂物。其中内生夹杂物包括脱氧产物、凝固过程中的再生夹杂物；外来夹杂物包括二次氧化物、熔渣、耐火材料溶解物等。

耐火材料是盛放钢液的容器，是各种高温冶炼设备的内衬砌筑材料，因此耐火材料对洁净钢的钢液成分和洁净度影响非常重要。耐火材料对洁净钢生产的影响主要表现在两个方面：一方面是耐火材料作为盛放钢水的容器对整个洁净钢冶金流程的稳定性和经济性提供重要保证；另一方面耐火材料对钢液的洁净度起着非常重要的作用。图 1.1 所示为钢中氧化物夹杂物的来源。

从图 1.1 可以看出耐火材料对洁净钢在二次精炼和连铸生产过程中的质量影响不容忽视。因为在冶炼过程中耐火材料将会与钢液发生一系列复杂的物理化学变化，从而影响钢液的质量。主要表现在：耐火材料与高温钢液接触的过程中将会发生溶解，增加钢中相关元素的含量；耐火材料与钢液中的某些元素，特别是非铁元素反应形成非金属夹杂；耐火材料在钢液中熔蚀和磨损造成的非金属夹杂会对钢液的洁净度造成一定的影响。因此耐火材料选用不当，不仅会对钢液产生污染，影响钢液成分，而且还会对钢材性能造成重要影响。所以洁净钢冶炼对耐火材料提出了更高的要求，不仅要有较高的体积稳定性、抗热冲击性和抗侵蚀

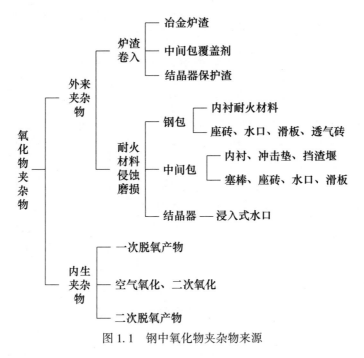

图 1.1 钢中氧化物夹杂物来源

性，更重要的是应具有对钢液无污染或低污染性，甚至对钢液具有净化及减少无机非金属夹杂的作用。

$MgO\text{-}CaO\text{-}ZrO_2$ 系耐火材料属于高性能氧化物耐火材料，大致可以分为氧化镁质、镁钙质、镁锆质、锆酸钙质以及 $MgO\text{-}CaO\text{-}ZrO_2$ 质等。特别是 $MgO\text{-}CaO\text{-}ZrO_2$ 材料具有较高的高温强度、良好的热震稳定性以及优良的抗碱性炉渣侵蚀性，是一种很有潜力的优质耐火材料，特别是适合于洁净钢的冶炼。

1.3 镁砂

1.3.1 镁砂的晶体结构和性质

镁砂是指具有一定颗粒的烧结镁石，它是由烧结镁石破碎而成的。从制作工艺角度可将镁砂分为烧结镁砂、电熔镁砂和海水镁砂，它们的矿物组成主要是方镁石。烧结镁砂来源于菱镁矿（$MgCO_3$），镁砂中的杂质主要是 CaO、Fe_2O_3、Al_2O_3 和 SiO_2。C/S 比值对镁石中矿物分布有很大影响，当 C/S 低时，硅酸盐成为包围氧化镁晶体的膜或外壳；当 C/S 高时，硅酸盐成膜效应差，硅酸盐成孤立状出现，方镁石晶体彼此直接结合，这对材料的高温性能有利。电熔镁砂是将菱镁石放入电弧炉中熔炼而成的，它的杂质成分少，硅酸盐矿物含量低且呈孤立状分布。其主矿物相方镁石从熔体中结晶出来，晶粒粗大，晶体直接接触程度高，方镁石的良好性能（如熔点高）得以充分发挥。海水镁砂中的杂质有 Al_2O_3、SiO_2、Fe_2O_3、B_2O_3 等，前三种主要来自沉淀剂白云石或石灰，B_2O_3 是有害杂质，它是一种强熔剂。硼主要聚集在方镁石晶粒周围的硅酸盐中，在方镁石晶粒中也有少量固溶硼。硼的存在，提高了硅酸盐相对方镁石的润湿程度，降低了方镁石晶体间的直接结合程度，使镁砂的高温性能变差。

　　方镁石属于等轴晶系，NaCl 型结构，负离子 O^{2-} 作立方最紧密堆积，构成立方面心格子；正离子 Mg^{2+} 填充在 O^{2-} 最紧密堆积形成的八面体空隙中，Mg^{2+} 与 O^{2-} 以离子键结合，其静电强度相等，晶体结构稳定。结构图如图 1.2 所示。

　　纯方镁石无色，但因 MgO-FeO 形成连续固溶体，颜色随 FeO 固溶量发生变化。方镁石常呈立方体、八面体或不规则粒状，立方体解理完全，相对密度 3.56~3.65，莫氏硬度为 5.5，熔点为 2800℃，在 1800~2400℃显著挥发：

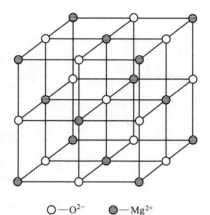

○—O^{2-}　　◉—Mg^{2+}

图 1.2　方镁石的晶体结构

$$MgO(s) = Mg(g) + 1/2O_2(g) \tag{1.1}$$
$$MgO(s) = MgO(g) \tag{1.2}$$

　　热膨胀系数大（0~1500℃），$\alpha = (14~15) \times 10^{-6}/℃$，并随温度升高而增大。导热系数 100℃ 时 $\lambda = 123.5kJ/(m \cdot h \cdot ℃)$，1000℃ 时 $\lambda = 24.1kJ/(m \cdot h \cdot ℃)$，随温度升高而下降。弹性模量为 $E = 21 \times 10^5 kg/cm^2$，晶格能为 3933.0kJ/mol。化学性稳定，在高温时（1540℃）氧化镁和各种耐火材料之间（除硅质）不起反应或弱反应，对含 CaO 和 FeO 的碱性渣有极好的抵抗能力。轻烧镁石在常温下易与水反应，并产生体积膨胀（$\Delta V = 77.7\%$）。在高温下，方镁石与水反应如下：

$$MgO(s) + H_2O(g) = Mg(OH)_2(g) \tag{1.3}$$
$$2MgO(s) + H_2O(g) = 2Mg(OH)_2(g) + 1/2O_2(g) \tag{1.4}$$

1.3.2　镁砂原料的制备

　　镁砂原料根据制备方法有三种：烧结镁砂、电熔镁砂、海水镁砂。

　　烧结镁砂又有两种制备方法：直接煅烧和两步煅烧。

　　在工业生产中，首先将菱镁矿破碎为 60~150cm 大小不一的粒度，然后在竖窑中煅烧，煅烧温度为 1400~1600℃。经过直接煅烧得到的镁砂其氧化镁含量一般为 88%~92%。两步煅烧得到的镁砂氧化镁含量为 95%~96%。两步煅烧法中，轻烧的目的在于活化晶格。菱镁矿在轻烧过程中，600℃出现等轴晶系方镁石，

650℃时出现非等轴晶系方镁石，等轴晶系方镁石逐渐消失，850℃时完全消失。方镁石的晶格缺陷较多，活性高，在高温下扩散作用强，促进烧结。轻烧温度对原料的活性影响很大，直接关系到最终熟料的烧结温度与体积密度。轻烧温度过高会使结晶度增加、晶粒变大，比表面积和活性下降；温度过低则因存在残留的未分解的母盐而妨碍烧结。

电熔镁砂以轻烧镁粉或镁石为原料，在电弧炉中经2750℃以上的高温熔融而成，其强度、抗侵蚀性及化学惰性均优于烧结镁砂。由于采用纯度较高的原料，硅酸盐杂质含量低，因此电熔镁砂中方镁石的直接结合程度高，能充分发挥出方镁石的良好性能。由于使用时熔渣是从方镁石的晶界开始侵蚀的，因此电熔镁砂要比烧结镁砂中方镁石微晶抗侵蚀性强得多。烧结法制得的镁砂中方镁石平均尺寸为$60 \sim 200\mu m$，而电熔镁砂中方镁石结晶尺寸为$200 \sim 400\mu m$。

由于海水中含有可溶性镁盐，因此海水镁砂是用海水做原料、用化学或热分解的方法制得的MgO，再经高温煅烧而成。

1.3.3 镁质耐火材料存在的问题和改进方向

镁质材料对金属和碱性熔渣有很强的抗侵蚀性。但是，由于其相当高的热膨胀系数，造成这类材料的抗热震性差，还易受熔渣的渗透导致结构剥落。因此镁质耐材应该与抗热震性及抗熔渣渗透好的材质进行复合。MgO与CaO复合形成白云石及镁白云石耐火材料具有耐高温、良好抗渣侵性、耐结构剥落性、净化钢液等特性。因此镁质耐材必然向与ZrO_2、CaO进行复合的方向发展，如形成MgO-CaO与$MgO\text{-}CaO\text{-}ZrO_2$。

1.4 锆英石和氧化锆

1.4.1 锆英石的晶体结构和基本性质

锆英石为四方晶系，其晶体结构比较简单，为岛状构造的硅酸盐。晶体结构是［SiO_4］四面体顺沿4次对称轴（L^4）与阳离子Zr^{4+}相间排列，构成四面体心格子，每一个Zr^{4+}和周围8个O^{2-}相连，Zr^{4+}的配位数是8，如图1.3所示。

锆英石常以晶体出现，晶体常呈现四方柱和四方双锥的聚形，如图1.4所示。

锆英石晶体无色，但常因铁的氧化程度和U、Th含量的影响，而出现黄、绿、棕、红、褐等颜色。硬度大约为$7 \sim 8$，密度大（$4.68 \sim 4.70g/cm^3$）。锆英石的熔点为2550℃，加热到1750℃无收缩现象。线膨胀系数小，$20 \sim 1000$℃时，$\alpha = 4.2 \times 10^{-6}/$℃，$25 \sim 1500$℃时，$\alpha = 5.1 \times 10^{-6}/$℃。但锆英石单晶在垂直和平行主轴（$c$轴）的两个方向上膨胀系数有较大的不同：垂直$c$轴为$3.66 \times 10^{-6}/$℃，

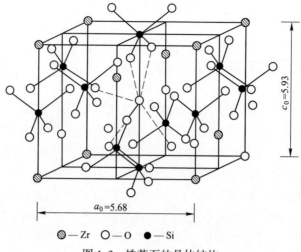

$c_0 = 5.93$

$a_0 = 5.68$

◍ — Zr　　◯ — O　　● — Si

图 1.3　锆英石的晶体结构

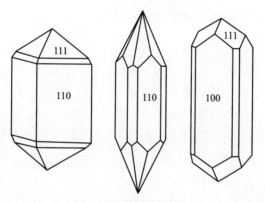

图 1.4　锆英石的晶体

平行 c 轴为 $6.9 \times 10^{-6}/℃$。

　　锆英石的热导率在 1000℃ 时为 13.99kJ/（m · h · K），弹性模量 2.06×10^{11}Pa（2.1×10^6kg/cm²）。锆英石具有化学惰性，难与酸发生作用，一些熔融金属也不与其发生作用，玻璃和炉渣在较小程度上可与其发生作用。由于锆英石不易为熔渣所润湿，所以锆英石制品的抗渣性较好。

　　锆英石是 ZrO_2-SiO_2 二元系中的唯一两元化合物，如图 1.5 所示。根据相图，纯锆英石在 1687℃ 时产生不一致熔融。锆英石在高温下会分解成 ZrO_2 和 SiO_2。由于其共存氧化物的种类和数量不同，锆英石热分解的确切温度尚无定论。一般认为其分解范围为 1540~2000℃，高纯锆英石约在 1540℃ 开始缓慢分解，1700℃ 时分解迅速，随温度升高分解量增大，至 1870℃ 时分解率达 95%，如图 1.6 所示。分解产物为单斜 ZrO_2 和非晶质 SiO_2。

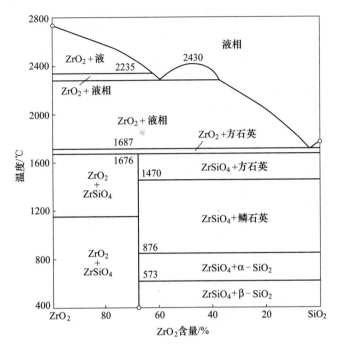

图 1.5 ZrO$_2$-SiO$_2$ 二元系相图

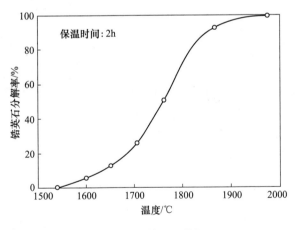

图 1.6 锆英石的分解

1.4.2 ZrO$_2$ 的晶型转变及增韧机理

ZrO$_2$ 属于多晶转化的氧化物,在不同温度下,它至少有 3 种晶型:单斜晶型(m-ZrO$_2$),四方晶型(t-ZrO$_2$),立方晶型(c-ZrO$_2$)。三种晶型的密度分别为 5.65g/cm^3、6.10g/cm^3 和 6.27g/cm^3。随着温度的变化,它们之间将发生如下转化：

$$m\text{-}ZrO_2 \xrightleftharpoons[约900℃]{1170℃} t\text{-}ZrO_2 \xrightleftharpoons{2370℃} c\text{-}ZrO_2 \xrightleftharpoons{2680℃} 熔体$$

其中，$t\text{-}ZrO_2 \rightarrow m\text{-}ZrO_2$ 的转化就其性质来说是马氏体相变，在氧化物中，ZrO_2 是唯一具有与钢及其他有马氏体相变的合金相似性能的材料。并且，单斜晶型与四方晶型的可逆转变中伴随有 7% 的体积变化，加热时正向反应会发生体积收缩，反之则体积膨胀。由于 ZrO_2 单斜型与四方型之间的可逆转变伴有体积效应，造成耐火材料烧成时容易开裂，因此单用纯 ZrO_2 很难制造出烧结不开裂的制品。如果在 ZrO_2 中加入适量的 CaO、MgO、Y_2O_3、Nb_2O_3、CeO_2、ScO_3 等阳离子半径与 Zr^{4+} 离子半径相差在 12% 以内的氧化物，经高温处理后就可以得到从室温直至 2000℃ 以下都稳定的立方型的 ZrO_2 固溶体，从而消除在加热或冷却过程中因相变引起的体积效应，避免含 ZrO_2 制品的开裂。

由于加热和冷却时 ZrO_2 有可逆性的多晶转变，ZrO_2 的热导率比较低（1000℃ 2.3kW/(m·K)）而热膨胀系数又比较高，致使 ZrO_2 制品的抗热震性很差。这一缺陷大大限制了它在温度急变条件下的使用。为了提高其热震稳定性，工艺上可采取使其部分稳定的方法，实际应用表明，此时制品的抗热震稳定性要比全稳定的好。其中一个重要的原因就是相变对改善耐火材料韧性的作用，ZrO_2 相变作用的主要机理是相变增韧和微裂纹增韧。

（1）相变增韧。当部分稳定的 ZrO_2 存在于基体里，即存在 $m\text{-}ZrO_2 \rightleftharpoons t\text{-}ZrO_2$ 的可逆相变特性时，晶体结构的转变伴随有体积膨胀。当基体对 ZrO_2 颗粒有足够的压应力，而 ZrO_2 的颗粒度又足够小，则其相变温度可降至室温以下，这样在室温时 ZrO_2 仍可以保持四方相。当材料受到外应力时，基体对 ZrO_2 的压抑作用得到松弛，ZrO_2 颗粒即发生四方相到单斜相的转变，并在基体中引起微裂纹，从而吸收主裂纹扩展的能量，达到增加断裂韧性的效果。

（2）微裂纹增韧。部分稳定 ZrO_2 在由四方相向单斜相转变时，因相变出现的体积膨胀导致产生微裂纹，这样无论是 ZrO_2 材料在冷却过程中产生的相变诱发微裂纹，还是裂纹在扩展过程中在其尖端区域形成的应力诱发相变导致的微裂纹，都将起着分散主裂纹尖端能量的作用。即相变时导致的微裂纹进一步吸收一些能量——裂纹继续扩展所需要的能量，使主裂纹尖端的应力重新分布，从而可不同程度地提高 ZrO_2 材料的韧性。

1.4.3　氧化锆的制备

氧化锆是一种重要的耐火原料。天然的氧化锆亦称斜锆石，主要产于巴西、南非、斯里兰卡和俄罗斯，我国斜锆石储量不大。由于天然的斜锆石数量很少，因此主要以锆英石为原料进行人工制取。

　　ZrO_2 工业用原料主要是从含 ZrO_2 矿石——斜锆石与锆英石中提炼出来的，常见的制备方法主要有以下几种：

　　（1）氯化和热分解法。

$$ZrO_2 \cdot SiO_2 + C + 4Cl_2 \longrightarrow ZrCl_4 + SiCl_4 + 4CO \qquad (1.5)$$

　　其中 $ZrCl_4$ 和 $SiCl_4$ 以分馏法加以分离，在 $150\sim180℃$ 下冷凝出 $ZrCl_4$，然后加水水解形成氧氯化锆，冷却后结晶出氧氯化结晶体，经焙烧就得到氧化锆。

　　（2）碱金属氧化物分解法。

$$ZrO_2 \cdot SiO_2 + 4NaOH \longrightarrow Na_2ZrO_3 + Na_2SiO_4 + H_2O \qquad (1.6)$$

$$ZrO_2 \cdot SiO_2 + Na_2CO_3 \longrightarrow Na_2ZrSiO_3 + CO_2 \qquad (1.7)$$

$$ZrO_2 \cdot SiO_2 + Na_2CO_3 \longrightarrow Na_2ZrO_3 + Na_2SiO_3 + 2CO_2 \qquad (1.8)$$

　　反应后用水溶解滤去 Na_2SiO_4，Na_2ZrO_3 用水水解形成水合氢氧化合物，再用硫酸进行纯化，然后用氨水调整 pH 值获得 $Zr_5O_8(SiO_4)_2 \cdot H_2O$ 沉淀，经煅烧得到氧化锆粉。

　　（3）石灰熔解法。

$$2CaO + ZrO_2 \cdot SiO_2 \longrightarrow ZrO_2 + CaSiO_4 \qquad (1.9)$$

煅烧后用盐酸浸出除去 $CaSiO_4$。

　　除上述方法外，还有等离子弧法、沉淀法、胶体法、水解法、喷雾热解法。

1.4.4　ZrO_2 在耐火材料中的应用

　　氧化锆（ZrO_2）熔点高达 $2680℃$，导热率低，化学稳定性优良，抗酸碱性矿渣侵润，挥发性小，莫氏硬度超过 7，故可广泛应用于耐火材料行业。

　　另外，用 CaO、MgO 或 Y_2O_3 稳定的 ZrO_2，在还原气氛中也相当稳定，对金属熔体、炉渣、玻璃液的耐侵蚀性良好，故可作为生产含锆耐火材料的添加剂，改善耐火材料的性能。同时，由于 ZrO_2 的相变增韧原理，形成微裂纹，故可以提高耐火材料的抗热震性能。在最近几年里，以添加部分稳定锆作为第二相的耐火材料做了大量的研究工作。

1.4.4.1　用于玻璃窑的耐火材料

　　含 ZrO_2 的耐火材料由于对酸性渣和玻璃液具有高的抵抗性，故可广泛用于玻璃窑的严重损坏部位，而且种类较多。

　　熔铸锆刚玉砖也称 AZS 熔铸砖，AZS 分别代表 Al_2O_3、ZrO_2、SiO_2，其主要矿物相是刚玉、斜锆石和部分玻璃相，其抵抗玻璃液的侵蚀性较强，是目前玻璃熔窑的关键部位所必需的耐火材料，一般用在玻璃熔窑的熔化部、窑壁等部位。而高致密、低气孔率的致密锆英石砖主要适用于玻璃池窑熔化部的胸墙，拱脚、池底密封层等部位。锆莫来石熔铸制品的主要矿物相是莫来石、斜锆石、刚玉和部分玻璃相，它的特点是晶体结构致密、荷重软化温度高、抗热震性好、常温及高温下机械强度高、耐磨性好、热导率高，具有优良的抗熔渣和玻璃液侵蚀的能力，可用于玻璃熔窑窑壁等部位，也可广泛应用于冶金加热炉、均热炉、电石炉的出料口等要求耐磨的部位。

1.4.4.2 用于冶金工业的耐火材料

应用含 ZrO_2 原料制作的耐火材料对熔渣、钢水的耐侵蚀性和热震稳定性都很好。另外，随着冶金工业中连铸和真空脱气技术的发展，此种耐火制品应用越来越广泛。以下根据不同材质介绍此种材料在冶金工业中的应用。

锆英石制品具有耐高温、抗酸性渣好、侵蚀小、粘渣轻微、热膨胀系数小、热震稳定性好等特点，可较好地用做盛钢桶内衬，可砌筑在钢水直接冲击的部位、渣线部位、水口周围等关键部位，还可用做盛钢桶水口、中间包水口、座砖等。氧化锆质制品一般是指 ZrO_2 为主成分的制品（有时也将锆英石质水口及座砖等称作氧化锆质制品），主要可用做小方坯连续铸钢用定径水口，连续铸钢用长水口和浸入式水口的渣线套，熔炼铂、铑、铱等贵重金属及合金的坩埚等。铝锆碳质制品是在铝碳质制品的基础上发展出来的，主要可用做钢包（或中间包）滑动水口砖、长水口、塞棒、浸入式水口等，同相应的铝碳材质相比，产品具有更好的热震稳定性和抗冲刷性以及更高的强度，故使用寿命也较长。锆酸钙-石墨质制品主要用做复合浸入式水口内衬，可有效减少浇钢过程中钢水中的 Al_2O_3 在水口内壁上沉积而引起的堵塞情况，从而改善作业状况，提高连浇炉数。

1.4.4.3 用于其他行业的耐火材料

种类繁多的含 ZrO_2 耐火材料在其他行业中也有应用，如水煤浆加压气化炉用铬铝锆砖、高温窑炉内衬用氧化锆空心球砖，等等。另外，由胶体法制作的 ZrO_2 耐火纤维耐火度高、热导率低、化学稳定性好，有较强的抗侵蚀性能，因此可作为一种优良的高温隔热材料。ZrO_2 纤维还可进一步加工成各种耐火纤维制品，用做高温、高效隔热材料，如用做高温电炉的内衬、熔融金属的过滤器、高温催化剂载体等。

除上面介绍的材料外，含 ZrO_2 原料还可用在耐火定型制品或耐火浇注料中作为一种少量的添加物来使用，以改善材料的抗侵蚀或热震稳定性等性能。

1.4.5 ZrO_2 复合 MgO 质耐火材料

早在 20 世纪 30 年代初期，研究 $MgO\text{-}ZrO_2$ 质耐火材料的一个重大发现是这类耐火材料的抗热震性、抗高炉炉渣和平炉炉渣的侵蚀性能都比 MgO 质耐火材料高。据报道，将 ZrO_2 加入 MgO 配料内，在 1700℃ 煅烧以后可使制品具有高的抗热震性、密度和荷重软化温度。

20 世纪 80 年代，日本的耐火材料研究者发现，ZrO_2 作为添加剂能促进方镁石晶体的长大。例如，在海水镁砂中添加极少量的 ZrO_2 即能将原来约 $50\mu m$ 的方镁石晶体成功地提高到 $100\mu m$ 以上。这种添加 ZrO_2 的镁砂最显著的特征是方镁石呈镶嵌结合，其中的 ZrO_2 主要同方镁石晶界区中的 CaO 反应生成 $CaZrO_3$，促进了方镁石晶体的长大。使用这种镁砂生产的镁碳砖能够适应吹氧转炉炉衬中使用条件最严酷的部位。

新日本钢铁公司名古屋钢铁厂在 1992 年开发出了 MgO-ZrO_2 质浇注料，在钢包渣线处使用，与原来的锆英石砖相比其使用寿命提高 25%，耐火材料单耗降低了 22%，费用减少 20%，取得了明显的效益。

胡延恕等（1995）在研究 ZrO_2 对碱性耐火材料使用性能的影响时得出了如下结论：

（1）加入 ZrO_2 在高纯镁砖中生成微裂纹，提高了砖的抗热震性。

（2）ZrO_2 可以孤立硅酸盐相，使之减少对 MgO 的润湿，从而提高砖的强度。

（3）碎裂的 ZrO_2 吸收液相中的 CaO、SiO_2 以点晶状分布，从而提高液相黏度和液相线温度，一方面减少了渣的侵蚀作用，另一方面进一步提高了砖的高温强度。

1.4.6 ZrO_2 复合 CaO 质耐火材料

CaO-ZrO_2 复合耐火材料是为连铸开发的，用于连铸耐火材料的"三大件"，即浸入式水口、长水口和整体塞棒，属于"功能材料"。已经开发并应用的 ZrO_2 复合碱性耐火材料，归纳起来有以下三种类型：

（1）CaO 稳定的 ZrO_2 质。

（2）ZrO_2-CaO 质（主要指 ZrO_2-CaO·ZrO_2 质）。

（3）MgO-CaO-ZrO_2 质。

它们都由合成法制得。为了提高连铸功能耐火材料的热震稳定性和抗蚀能力，通常还将"三大件"制成碳-ZrO_2 共同复合的碱性耐火部件。如 ZrO_2 质定径水口、ZrO_2-C 滑板砖、ZrO_2-C 质滑动水口与长水口或者滑动水口与浸入式水口之间的密封料、整体塞棒渣线处用 ZrO_2-C 复合材料的增强环和 ZrO_2-C 质塞头、长水口渣线部位用 ZrO_2-C-SiC 质耐蚀复合衬、浸入式水口渣线部位用复合 ZrO_2-C(SiC) 质抗渣环。此外，为了防止水口堵塞，目前已开发出效果良好的 ZrO_2-CaO-C 质和 ZrO_2-CaO·ZrO_2-C 质材料。ZrO_2-CaO 质水口抑制 Al_2O_3 附着的机理是：水口内壁附着的 Al_2O_3 粒子与水口中的 ZrO_2-CaO 骨料分解生成的 CaO 反应生成低熔点化合物被流动的钢水冲走。CaO·ZrO₂-C 材料防 Al_2O_3 附着的过程如图 1.7 所示。

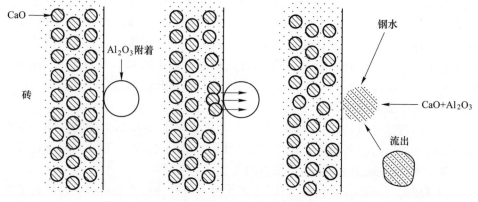

图 1.7　CaO·ZrO₂-C 材料防 Al_2O_3 附着的原理示意图

上述过程的反应方程式如下：

$$CaZrO_3　　　+　钢水中的 Al_2O_3$$
$$(w(CaO)≈30\%)$$
$$\downarrow$$

反应层：　　$ZrO_2·SS　+　xCaO·yAl_2O_3·zZrO_2$
　　　　　　　$(w(CaO)≈10\%)$　　　　（液相）

烧结 ZrO_2-CaO·ZrO_2 质砂是采用反应烧结的工艺制成的。材料的致密化过程以一定的空位形成机理为主，并且也与高温烧结时出现的液相相关联。

众所周知，含游离 CaO 材料最大的缺点就是 CaO 易水化，导致材料粉化。而酸性氧化物 ZrO_2 具有强亲和力，易与碱性氧化物 CaO 发生反应使其转变为 $CaZrO_3$，可改善其水化性。R. E. 穆尔（Moore，1986）在总结前人提高 CaO 的抗水化性能研究时也指出，在 CaO 中添加 ZrO_2 时可提高 CaO 的抗水化性能。这样就大大加宽了其制品的生产与应用范围。

1.5　锆酸钙材料

锆酸钙材料具有熔点高、机械强度高、高温稳定性好、抵抗碱性炉渣侵蚀能力强等特点，近几年在耐火材料和功能陶瓷方面的研究和应用引起了广大研究工作者的注意，锆酸钙材料的这些优良性能是由锆酸钙的结构特征决定的。

1.5.1　锆酸钙材料简介

锆酸钙晶体属正交晶系，$Pcmn$ 空间群，钙钛矿型晶体，晶格常数为：$a=0.5790nm$、$b=0.576nm$、$c=0.8016nm$，$\alpha=\beta=\gamma=90°$。锆酸钙晶体的折光率为：

$N_g = 2.06$，$N_p = 2.05$。锆酸钙的英文名称是：Calcium Zirconium Oxide，分子式为 $CaZrO_3$，熔点为 2350℃。是一种高熔点的氧化物材料。

锆酸钙属于钙钛矿型晶体。锆酸钙晶体结构如图 1.8 所示。O^{2-} 和半径较大的正离子 Ca^{2+} 一起按面心立方点阵作最紧密堆积排列，Ca^{2+} 位于面心立方点阵的 8 个顶点处，O^{2-} 位于立方点阵 6 个面的中心；Ca-O 形成了 $[CaO_{12}]$ 结构，Zr-O 形成了 $[ZrO_6]$ 八面体。较小的正离子 Zr^{4+} 在 O^{2-} 形成的八面体中心位置；Ca^{2+} 在 8 个八面体的空隙中；$[ZrO_6]$ 八面体群互相以顶角相连形成三维空间结构。在锆酸钙材料的晶体结构当中，由于 Ca^{2+} 与 O^{2-} 同在一个密堆层，其结合具有明显的离子键特征，因此当有不等价夹杂元素阳离子取代 Ca^{2+} 的位置时会引起价态变化，必然直接影响氧离子的状态，这时会产生氧离子空位（V''_O）；同样如果有不等价夹杂元素阳离子取代 Zr^{4+} 的位置时，也会引起价态的变化，从而形成氧离子空位（V''_O）。同时在锆酸钙晶体由于每一个锆酸钙晶胞就存在 3 个八面体空隙，而且晶格常数 a、b、c 各不相等，尤以 c 轴最长，因此当材料中发生固溶时，也可能在 c 轴位置产生间隙固溶体。

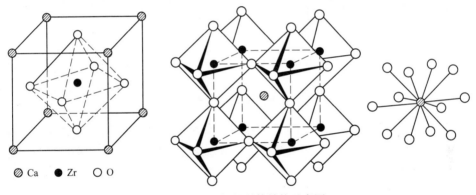

◎ Ca　● Zr　○ O

图 1.8　锆酸钙的晶体结构示意图

1.5.2　CaO-ZrO₂ 二元系统相图

图 1.9 所示为氧化钙-氧化锆二元系统相图。由图 1.9 可知，在氧化钙-氧化锆二元系中氧化锆的熔点为 2680℃，氧化钙的熔点为 2570℃，当系统中氧化钙和氧化锆的摩尔比为 1 时，生成唯一稳定的化合物——锆酸钙（$CaZrO_3$），这种化合物具有高的熔点、低的烧成收缩以及在还原气氛下也能稳定存在等优点，因此氧化钙-氧化锆系统均属于高级氧化物耐火材料。在氧化钙-氧化锆二元系相图中，氧化钙的摩尔百分含量在 16%～29% 范围内时，立方晶系氧化锆（$C-ZrO_2$）在 2000℃ 以下的所有温度范围内均是稳定的；当氧化钙的含量为 50%（摩尔分数）时，即 $CaO/ZrO_2 = 1:1$（摩尔比）或 31.29:68.71（质量比），生成锆酸

钙化合物。当氧化钙的含量大于 50%（摩尔分数）时，对应矿物相为锆酸钙和游离氧化钙（f-CaO），在这种情况下，存在游离 CaO 的水化问题，而只有氧化钙的含量小于或等于 50%（摩尔分数）的耐火材料才不会有水化的危险，但由于氧化锆和氧化钙反应生成锆酸钙时有 6%~7% 的体积膨胀，因此锆酸钙材料难于烧结和致密化，所以在制作含锆酸钙系列耐火材料时应该采用预先合成的方法。

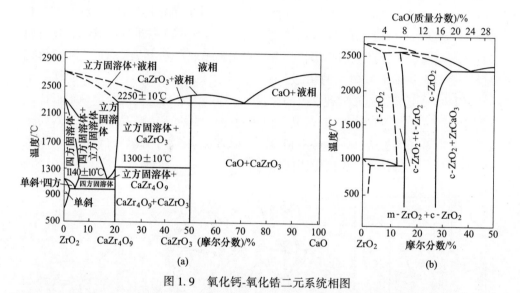

图 1.9　氧化钙-氧化锆二元系统相图

在氧化钙-氧化锆二元系统中，氧化钙在氧化锆中也有较高的固溶度，当温度达到 2250℃ 左右时，最高固溶量约达 40%（摩尔分数）。当氧化钙的百分含量为 20%（摩尔分数）时，有立方锆酸钙（$CaZr_4O_9$ 或 $Ca_{0.2}Zr_{0.8}O_{1.8}$）矿物出现，且该矿物在（1300±10）℃ 的温度下稳定存在。

1.5.3　锆酸钙材料的应用

1.5.3.1　在耐火材料方面的应用

锆酸钙材料在耐火材料方面的应用始于 20 世纪 50 年代，当时锆酸钙材料是作为熔炼金属的坩埚材料和耐火涂层材料使用的。但是由于锆酸钙材料抗热震性能较差，因此在耐火材料中的应用未受到重视和推广。直到 20 世纪 70 年代，日本的研究者在解决连续铸钢浸入式水口氧化铝堵塞的问题时发现，在锆酸钙材料中加入一定量的石墨可以改善浸入式水口的抗热震性能，可以用作抗氧化铝结瘤的浸入式水口内衬材料，才逐渐引起了人们的注意。其方法是在氧化锆-氧化钙-碳质水口的锆酸钙材料中，由于氧化钙同氧化锆反应生成了锆酸钙或者是氧化锆固溶在氧化锆中，因而在使用中氧化钙从锆酸钙中脱离出来的很少，所以锆酸钙和氧化铝的反应缓慢。为了加快反应速度，可以向氧化锆-氧化钙-碳质浸入式水口中加入含二氧化硅的物质，促进氧化钙从锆酸钙中脱离，从而增强氧化钙同氧化铝的反应能力，使氧化锆-氧化钙-碳质水口的材质难于附着氧化铝的性能得到提高。其反应机理是钢液中悬浮的氧化铝微颗粒由微小涡流产生的惯性力驱使流到浸入式水口内壁表面上富集，与锆酸钙分离出来的氧化钙发生反应生成的低熔点化合物七铝酸十二钙（12CaO·7Al₂O₃，熔点1415℃）、铝酸三钙（3CaO·Al₂O₃）、铝酸钙（CaO·Al₂O₃）及其低共熔化合物，呈液相随钢液流出水口。反应过程可以通过以下方程式表示：

$$CaZrO_2 \xrightarrow{SiO_2} C\text{-}ZrO_2 + xCaO \xrightarrow{SiO_2} mZrO_2 + yCaO \tag{1.10}$$

$$12CaO + 7Al_2O_3 \longrightarrow 12CaO \cdot 7Al_2O_3 \tag{1.11}$$

$$CaO + Al_2O_3 \longrightarrow CaO \cdot Al_2O_3 \tag{1.12}$$

$$3CaO + Al_2O_3 \longrightarrow 3CaO \cdot Al_2O_3 \tag{1.13}$$

经过大量的研究和使用结果发现，氧化锆-氧化钙质水口具有很高的稳定性，选用氧化锆-氧化钙-碳质浸入式水口是防止连铸时氧化铝-碳质水口中的氧化铝附着导致水口内孔孔径变小、堵塞的一项技术措施。

随着水泥窑用耐火材料无铬化的发展，氧化镁-氧化钙-氧化锆材料抗侵蚀性能和挂窑皮性能引起了人们的关注。朱伯铨等人以脱硅锆、白云石生料以及轻烧氧化镁为原料，研究了不同氧化钙和氧化锆的摩尔比对氧化镁-氧化钙-氧化锆合成料结构和性能的影响，发现当配料中氧化钙和氧化锆的摩尔比小于1时，合成料中未发现有游离的氧化钙存在，且合成料中可生成锆酸钙（CaZrO₃）和立方锆酸钙（CaZr₄O₉）两种锆酸钙相；随着配料中氧化锆含量的增加，合成料中方镁石和锆酸钙相呈现不同的分布特征；氧化钙和氧化锆的摩尔比的提高有利于改善合成料的烧结性能；杂质成分对合成料的烧结性能和高温性能没有太大影响。王领航和钱忠俊等人研究了不同含量和形式的氧化锆对氧化镁-氧化钙熟料的影响，并制备了性能良好的水泥窑用氧化镁-氧化钙-氧化锆材料。王建东在LF精炼钢包上比较了利用预合成锆酸钙制备氧化镁-氧化钙-氧化锆材料和直接反应法制备氧化镁-氧化钙-氧化锆材料的性能，得出两种氧化镁-氧化钙-氧化锆材料的在LF精炼钢包衬上的使用寿命大体相当。

此外锆酸钙材料对游离氧化钙的防水化也有一定的影响。R·E·穆尔（Moore，1986）在总结前人提高氧化钙的抗水化性能研究时指出，在氧化钙中添加氧化锆时可提高氧化钙的抗水化性能。苏广深在研究水泥回转窑烧成带用氧化镁-氧化钙-氧化锆砖时发现，随着氧化锆数量的增加，锆酸钙的生成量也增加。在基质中形成大量的锆酸钙减轻了基质中游离氧化钙的数量，生成的锆酸钙将游离氧化钙包裹起来，防止了氧化钙的水化，因此氧化锆的加入能够使镁钙砖的抗水化性能得到改善。Z. Q. Guo 采用纯石灰石和锆英石为原料，对含 1%（摩尔分数）锆英石（$ZrO_2 \cdot SiO_2$）的氧化钙材料抗水化性能及其他性能进行详细的研究。发现加入 1%（摩尔分数）锆英石可使氧化钙的抗水化性能显著改善；并且材料具有良好的抗热震稳定性能，同时荷重软化温度也得到了明显的改善。

1.5.3.2　锆酸钙材料在陶瓷方面的应用

锆酸钙基材料属于钙钛矿型晶体结构，当锆酸钙材料中掺杂少量金属阳离子时，可以作为传感器使用，因此锆酸钙基材料在陶瓷方面的应用也受到了广大科研工作者的关注。

未掺杂的锆酸钙陶瓷在空气中是一种 p 型的半导体材料，当其掺杂一些氧化物（如 Al_2O_3、Y_2O_3、MgO）后，会在材料中形成少量的 $V_{\ddot{o}}$ 缺陷，从而使得锆酸钙材料成为一种性能优异的氧离子导体，可以制成氧气传感器来监测氧气，因此锆酸钙可以作为高温固体电解质的氧探头，而且也是一种控制钢液脱氧过程电化学电池的理想固体电解质。

自 1991 年 Iwahara 等发现氧化铟掺杂的锆酸钙在含氢或水蒸气气氛下具有质子导电性，满足作为传感器使用的条件后，锆酸钙材料被用于二氧化碳传感器、氢传感器、湿度传感器及碳氢化合物传感器等。到目前为止，锆酸钙基高温质子导体材料在氢气的制取、燃料电池、化学传感器、化学反应器以及非均相催化反应等方面得到了广泛的研究与应用。

1.5.4　锆酸钙材料的合成方法

锆酸钙材料虽然在耐火材料和高温陶瓷等方面有着广泛的应用，但是由于自然界中并没有天然的锆酸钙材料，所以目前使用的锆酸钙材料均为人工合成，因此锆酸钙材料的价格较为昂贵，这限制了锆酸钙材料的推广和应用。人们对锆酸钙材料的合成方法进行了大量的研究，归纳起来主要有高温固相反应法、熔融法、共沉淀法、溶胶-凝胶法、熔盐法、水热法、自蔓延烧结法、凝胶-沉淀法等方法。

1.5.4.1　高温固相反应法

高温固相反应法是制备锆酸钙材料最常用的方法。该方法以含氧化钙成分的物质（碳酸钙、氢氧化钙、草酸钙等）、氧化锆和掺杂元素的氧化物（氧化钇、氧化铟等）为原料，经混合球磨后压坯，在 1200~1450℃ 温度下煅烧。煅烧产物经过细碎、球磨后再压制成型；并在 1600℃ 以上的温度烧结几十小时后，才能获得较致密的烧结体。高温固相反应法的优点是原理简单、原料容易获得、生产量大、后续处理问题小，因此从早期到现在一直是大量研究者利用的主要合成材料的方法。但是该方法也存在一些缺点，主要是：（1）由于固相法采用的是机械混合法，该方法混合时很难将原料混合均匀，因此在后期工艺也很难获得微观结构均一的材料；（2）机械研磨的混合物，往往需要在较高温度下、较长的反应时间内反应，而且还容易造成晶粒异常长大；（3）由于合成温度很高、反应时间长，所以该种方法制得的锆酸钙粉体材料的活性度低。针对上述传统高温固相反应法存在的缺点，人们通过对固相反应机理及反应动力学的研究，优化固相反应中的原料选择，物料处理，反应时间、反应温度的选择，反应气氛的控制等各项参数，从而制取使用性能满足要求的物料粉体。例如 Pollet 等人以及韩经铎等人都通过对固相反应制备锆酸钙机理的分析，优化了固相反应法物料的处理步骤和反应温度，制得了 200nm 以下的粉体。

1.5.4.2 熔融法

由于锆酸钙的熔点高，合成过程中有 6% 左右的体积膨胀，所以锆酸钙材料在合成过程中很难致密化。而高温熔融法的熔化温度高，原料均融化为液态，所以利于材料的生成、结晶与长大。熔融法分为电炉熔融法和感应炉熔融法两种。熔融法通常以一步合成方法为主。主要是以含氧化钙的物料和氧化锆为原料，在2500℃左右的高温下熔融制备。该种方法具有熔融温度高，可达 3000℃ 以上；熔融物可以不与其他化学活性物质接触，可以制备高纯原料；熔融方法既可以采用连续式生产，也可以采用间歇式生产等特点。但是也存在制备的原料活性度低、能源消耗高、生产成本高的缺点。

以上几种锆酸钙材料的合成方法各有优缺点，由于耐火材料使用的锆酸钙材料需要的是结晶完整、致密度高、杂质含量少、价格低、能大量使用的粉体材料，所以优化的固相反应方法仍然是耐火材料行业制备锆酸钙粉体最合适的方法。

1.5.5 锆酸钙材料的烧结方法

锆酸钙材料的烧结方法有一步煅烧、二步煅烧、微波烧结、热压烧结、液相烧结等方法。

一步煅烧法是指将坯料在高温设备中一次烧成制得原料或产品的煅烧工艺。由于锆酸钙材料在合成过程中有一定的体积膨胀，不利于材料的烧结和致密化，为了获得致密的材料，一步煅烧法在合成锆酸钙材料时烧结温度往往高达 1600℃以上，烧结时间也达到数十小时左右。一步煅烧的特点是工艺简单；但是煅烧温度高、反应时间长、能耗高。

二步煅烧是指原料先轻烧、后压球、再死烧的一种方法；由于在第一步采用的轻烧活化烧结，物料消除了母盐假相，并且有较高的活性度，所以在第二次煅烧时的烧结温度要低，材料更致密。该方法的特点是煅烧温度相对于一步煅烧的温度低，物料的均匀性好，材料更加致密。陈德平等人采用固相反应二步煅烧的方法，先在 1450℃ 预先合成后，再在 1600℃ 保温 2h 的条件下获得了致密度高达 96% 以上的锆酸钙材料。

微波烧结法是指采用微波等离子体技术烧结材料的一种方法。微波等离子体烧结技术与常规法相比，烧结时间明显缩短，加热烧结速度快，烧结温度低。赵迎喜在合成锆酸钙材料时采用了微波等离子体技术，通过调整合适的成型压力和微波功率获得了相对密度高达 98.1% 的锆酸钙材料。

热压烧结是指将干燥粉料充填入模型内，再从单轴方向边加压边加热，使成型和烧结同时完成的一种烧结方法。热压烧结的特点是加热和加压同时进行，粉料处于热塑性状态，有助于颗粒的接触扩散、流动传质过程的进行，因此需要的烧结成型压力仅为冷压的 1/10；可以显著降低烧结温度、缩短烧结时间，从而抵制晶粒长大，得到晶粒细小、致密度高的产品；烧结过程中不需添加助烧结剂或成型助剂就可以生产超高纯度的陶瓷产品。热压烧结的缺点是过程及设备复杂、生产控制要求严、模具材料要求高、能源消耗大、生产效率较低、生产成本高，所以很难在工业生产中大规模应用。

1.5.6　添加剂对锆酸钙材料合成的影响

固相反应烧结法合成锆酸钙时由于烧结温度高，常常在原料合成时加入少量的添加剂活化材料的晶格，降低烧结温度，同时赋予材料一定的性能。其中有在烧结过程中能显著降低烧结温度的助烧结剂（如 LiF、$LiNO_3$ 等）。由于这些助烧结剂可以在烧成过程生成少量的液相，故显著降低了烧结温度。Marinel 等人在掺杂 LiF 后，通过传统烧结法与微波烧结法相结合在 1060℃ 的烧结温度下就获得了致密度接近 95% 的材料。还有一种在锆酸钙材料合成过程中掺加少量三价阳离子氧化物的方法，这种方法是通过在材料中形成一定数量和浓度的缺陷使得材料具有一定的质子传导性和导电性，同时还可以降低材料的烧结温度。

1.6　MgO-CaO-ZrO_2 材料的研究现状

ZrO_2 复合碱性耐火材料在最近 30 年得到了迅速发展，并成为耐火材料研究的中心课题。

1971 年，英国的耐火材料研究者向日本申请了"直接结合碱性耐火材料"的专利（特开昭 46-1328），提出直接结合碱性耐火材料的化学成分是 60%~85% MgO，7%~14% CaO，6%~18% ZrO_2，<6% SiO_2。这种材料是在 1700℃ 的条件下烧成的，获得的矿物组成为方镁石 65%~82%，$CaZrO_3$ 3%~19% 和一定数量的硅

酸盐相。在这种直接结合碱性耐火材料中，方镁石和 CaZrO$_3$ 形成了直接结合，因而耐热震性能高。

　　林楠（1992）以海水镁砂为主原料，添加 CaO 和 ZrO$_2$ 制成了 MgO-CaZrO$_3$ 系耐火材料，在水泥窑上应用，其挂窑皮性可以同 MgO-Cr$_2$O$_3$ 砖相比，而且对水泥成分熔融物的抵抗性能优于 MgO-Cr$_2$O$_3$ 砖。此外，由于 MgO-CaZrO$_3$ 砖中残存着 CaZrO$_3$ 相，可使砖的组织稳定，因而它们的使用寿命比 MgO-Cr$_2$O$_3$ 砖长。

　　王领航采用镁砂、石灰石和锆英砂制作 MgO-CaO-ZrO$_2$ 材料，并对其制作的材料进行了抗水泥熟料侵蚀的研究。其目的是希望替代 MgO-Cr$_2$O$_3$ 砖在水泥窑烧成带上的使用，以解决 Cr^{6+} 对环境污染的问题。

2 锆酸钙材料的合成

锆酸钙材料具有熔点高、机械强度高、高温稳定性好、抵抗碱性炉渣侵蚀能力强等特点,早在 20 世纪 50 年代就开始了应用研究;目前锆酸钙材料已被应用于钢铁冶金和水泥回转窑等热工设备的耐火材料炉衬中。作为耐火材料原料的锆酸钙应具有较高的致密度、较低气孔率,同时还应该具有杂质含量少、晶体结晶完整,且对原料的活性度要求不高的特点,因此高温固相反应法仍然是合成锆酸钙材料的一种重要方法。影响利用固相反应法合成耐火原料的因素有合成用的原料、合成时的烧成工艺、温度、坯体成型压力以及烧结过程中使用的添加剂等因素。本章以高温固相反应方法为条件,重点介绍合成原料、成型压力、原料配比、添加剂,以及烧结方式对合成锆酸钙材料的物相组成、微观结构和物理性能等方面的影响。

2.1 不同原料对合成锆酸钙材料的影响

2.1.1 实验过程

2.1.1.1 原料

实验选用的原料有工业纯单斜氧化锆、氧化钙部分稳定氧化锆、分析纯碳酸钙、分析纯氧化钙、分析纯氢氧化钙。原料的理化指标见表 2.1。

表 2.1 原料的理化指标

项 目	成分(质量分数)/%				灼减	D_{50}/μm	比表面积/m² · kg⁻¹
	$CaCO_3$	CaO	$Ca(OH)_2$	ZrO_2			
分析纯碳酸钙	99.0	—	—	—	44.2	6.53	293.03
分析纯氧化钙	—	98.6	—	—	1.35	8.17	237.93
分析纯氢氧化钙	—	—	95.5	—	25.1	7.39	231
单斜氧化锆	—	—	—	99.0	—	0.41	4108.4
氧化钙部分稳定氧化锆	—	3.8	—	95.0	—	小于 74μm, >90%	—

2.1.1.2 制备

为了研究不同原料对合成锆酸钙性能的影响，设计了单斜氧化锆和氧化钙部分稳定氧化锆分别与不同氧化钙原料混合的两个系列实验方案，各实验方案中的氧化锆和氧化钙的摩尔比均为1，每个方案的称料量均为50g，具体实验方案的称量见表2.2。

表 2.2 不同原料对合成锆酸钙影响的试验方案

编 号	No. 1	No. 2	No. 3	No. 4	No. 5	No. 6
单斜氧化锆/g	27.58	34.32	30.8			
氧化钙部分稳定氧化锆/g				29.22	35.72	32.35
碳酸钙/g	22.42			20.78		
氧化钙/g		15.68			14.28	
氢氧化钙/g			19.2			17.65

首先将原料按表2.2的实验方案进行称量，然后将配方物料置于GJ-3型振动制样机中，强力震动混合2min，使物料充分混合均匀。再在200t液压机上用60kN的压力进行加压成型，达到要求压力后再保压20s，成型试样的大小为$\phi20mm\times15mm$；接着将试样放入高温电阻炉内烧成，烧成曲线为：室温~500℃，8℃/min；50~1000℃，5℃/min；1000~1550℃，3℃/min；1550℃，保温3h，随后试样随炉自然冷却备用。

2.1.1.3 表征

用 Philips Xpert-MPD 型 X 射线衍射（X-Ray diffraction，XRD）仪对烧成后的样品进行物相分析，Cu 靶 $K_{\alpha1}$ 辐射，电流为 40mA，电压为 40kV，扫描速率为 4°/min。用 X′pert HignScore 软件中的 Semi-quantification 法计算各晶相的含量；用荷兰产 FEI QUATA Inspect 扫描电镜（scanning electron microscope，SEM）观察各样品的微观形貌，微区的成分分析采用牛津仪器 IE350 型能谱仪。用阿基米德排水法检测各配方烧后试样的体积密度和气孔率(介质为柴油，密度为 0.833g/cm³)。

2.1.2 不同原料对合成锆酸钙材料性能影响的分析

2.1.2.1 热力学分析

碳酸钙、氧化钙和氢氧化钙分别与反应氧化锆生成锆酸钙的方程式见式（2.1）~式（2.3）。利用 HSC6.0 热力学软件计算式（2.1）~式（2.3）的结果如

图 2.1 所示。

$$CaO + ZrO_2 =\!=\!= CaZrO_3 \tag{2.1}$$

$$CaCO_3 + ZrO_2 =\!=\!= CaZrO_3 + CO_2(g) \tag{2.2}$$

$$Ca(OH)_2 + ZrO_2 =\!=\!= CaZrO_3 + H_2O(g) \tag{2.3}$$

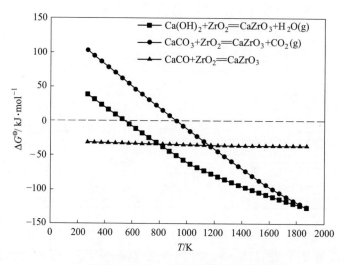

图 2.1　反应自由能与温度的关系

　　从图 2.1 中可以看出,在 1873K(1600℃)的条件下,上述三式的 $\Delta G^{\ominus}$ 均小于 0,即上述三式均可以生成锆酸钙,但是起始温度差别很大,其中碳酸钙需要在温度大于 700℃时,即碳酸钙分解出氧化钙后才能发生合成锆酸钙的反应;而氢氧化钙则需要在温度大于 300℃时,即氢氧化钙分解出氧化钙后才能发生合成锆酸钙的反应;但是对于氧化钙和氧化锆生成锆酸钙的反应则在 0℃时吉布斯自由能($\Delta G^{\ominus}$)就小于 0,即在很低的温度下氧化钙和氧化锆就可以反应生成锆酸钙。热力学计算只能判断一定温度条件下该反应能否发生,但是反应程度有多大、反应速度有多快还需要从反应的动力学方面考察,同时选用不同的合成原料,合成锆酸钙材料的微观结构和物相组成等也会差别很大,所以还需要从合成材料的微观结构和物相组成等方面综合考察来确定最佳的合成原料。

2.1.2.2　不同原料对合成锆酸钙材料线变化率的影响

　　图 2.2 所示为不同原料合成锆酸钙材料的烧后收缩率。从图 2.2 中可以发现,在同为单斜氧化锆的原料组中,以碳酸钙为原料的 No.1 试样烧后收缩率最大,以氧化钙为原料的 No.2 试样烧后收缩率最小,以氢氧化钙为原料的 No.3 试样烧后收缩率居中;而且在同为氧化钙部分稳定氧化锆的原料组中情况也相同。导致这种差异是因为 No.1 和 No.4 方案采用的原料是碳酸钙,碳酸钙在高温下先

分解出氧化钙，会排除一定量的二氧化碳气体，使得生成的锆酸钙产生较大的体积收缩；同时 No.3 和 No.6 号原料是氢氧化钙，氢氧化钙在高温下也会分解出氧化钙，排除一定量的水蒸气，使得合成的试样也产生较大的体积收缩，但是由于单位质量中氢氧化钙所含氧化钙的含量比单位质量中碳酸钙所含氧化钙的量高，所以高温下分解后产生的体积收缩较小；而 No.2 和 No.4 号原料均为氧化钙，在烧结过程中，氧化钙与氧化锆直接结合反应生成锆酸钙，不会有气体产生和排除，所以试样的烧成收缩率最小。

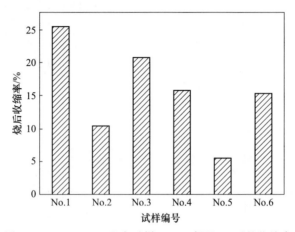

图 2.2　No.1~No.6 配方试样 1550℃保温 3h 后的收缩率

2.1.2.3　不同原料对合成锆酸钙材料致密度的影响

图 2.3（a）、（b）所示为 1550℃保温 3h 后不同原料与合成锆酸钙试样显气孔和体积密度的关系。从图 2.3 中可以看出，单斜氧化锆和氧化钙部分稳定的氧化锆两大组试样中，前者材料的致密度要大于后者。分析主要原因是由单斜氧化锆和氧化钙部分稳定氧化锆原料的比表面积不同引起的，单斜氧化锆的比表面积较大，为 4108.4m²/kg，混料时单斜氧化锆原料可以与其他三种含氧化钙原料充分混合，在烧结时原料的接触面积大，在相同的时间内，比表面积大的原料可以进行充分的反应，所以制品的致密度较大。在同组的碳酸钙、氧化钙、氢氧化钙试样中，有碳酸钙参与反应生成锆酸钙试样的致密度最大，氧化钙参与反应生成锆酸钙的试样致密度最小，氢氧化钙参与反应的试样居中。主要原因是碳酸钙和氢氧化钙均在较高温度下发生分解，分解后生成的氧化钙颗活性大，有利于材料在高温下烧结长大，所以这两种原料制备的锆酸钙材料的体积密度均比以氧化钙为原料制备的锆酸钙材料的体积密度大；同时由于碳酸钙材料的比表面积比氢氧化钙原料的比表面积还小，因此碳酸钙分解后生成的氧化钙比表面积更大，活性度也更大，所以更易于与氧化锆进行反应，因此以碳酸钙为原料合成的锆酸钙材料比氢氧化钙为原料合成的锆酸钙材料更致密。

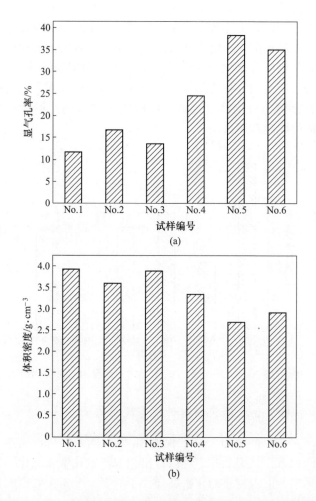

图 2.3　No. 1~No. 6 配方试样 1550℃保温 3h 后的显气孔率和体积密度

2.1.2.4　不同原料对合成锆酸钙的矿物相的影响

　　图 2.4 所示为 1550℃保温 3h 后不同原料合成锆酸钙试样的 XRD。从图中可以看出，尽管合成锆酸钙的原料不同，碳酸钙、氧化钙、氢氧化钙均可分别与单斜氧化锆以及氧化钙部分稳定氧化锆反应生成锆酸钙材料。然而合成材料中除了生成锆酸钙相外，还有一定量的立方锆酸钙（$CaZr_4O_9$）相。出现这种现象的原因与原料的配料直接相关，当试样中的氧化钙含量小于与氧化钙和氧化锆的摩尔比值 1 时，根据氧化钙-氧化锆二元系统相图，材料中生成的矿物相为锆酸钙和立方锆酸钙。考虑到合成原料中氧化钙极易水化、氢氧化钙在空气中也很不稳定，因此以碳酸钙作为氧化钙源是较好的合成锆酸钙原料。另外，由于单斜氧化

锆原料的纯度（质量分数）为99%，而且比表面积大、活性高，是合成锆酸钙材料较好的氧化锆原料。表2.3为半定量分析法得出的各试样晶相的含量，从表2.3中可以看出，采用碳酸钙和单斜氧化锆为原料合成的锆酸钙晶相含量最高，立方锆酸钙的晶相量最少。

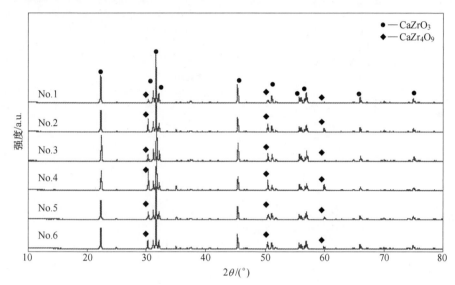

图 2.4 1550℃保温 3 小时后 No. 1~No. 6 试样的 XRD

表 2.3 不同试样晶相的含量（质量分数）   （%）

试样编号	结晶相	No. 1	No. 2	No. 3	No. 4	No. 5	No. 6
半定量比例	$CaZrO_3$	97	96	92	88	86	85
	$CaZr_4O_9$	3	4	8	12	14	15

2.1.2.5 不同原料对合成锆酸钙的微观结构的影响

图 2.5 和图 2.6 所示为 1550℃保温 3 小时后不同原料合成锆酸钙材料的 SEM。从图 2.5 的低倍微观结构可以看出，前 3 个试样的气孔较少，结构较为致密；而后 3 个试样的气孔较多、较大，结构较为疏松，其中特别是 No. 1 试样的烧结致密度最好，气孔较少，No. 5 试样的致密度最差，尤以大气孔较多。从图 2.6 高倍微观结构可以看出，虽然制品采用的原料不同，即采用碳酸钙、氧化钙、氢氧化钙分别与单斜氧化锆以及氧化钙部分稳定的氧化锆反应，但是图中的 6 个试样均生成了锆酸钙，然而锆酸钙材料的颗粒大小不一样；前 3 个试样 No. 1、No. 2、No. 3 试样中的锆酸钙颗粒大小比较均匀，粒径分布也比较均匀。后 3 个试样 No. 4、No. 5、No. 6 材料中生成的锆酸钙粒径分布不均匀，有很多锆酸钙颗粒都小于 5μm，同时在材料中生成了较多的灰白色物质，经图 2.6 中

No. 6 试样 6 点的能谱分析为立方锆酸钙（$CaZr_4O_9$）和氧化锆形成的固溶体，能谱鉴定结果见表 2.4。

图 2.5　1550℃烧结后 No. 1~No. 6 试样的 SEM（200×）

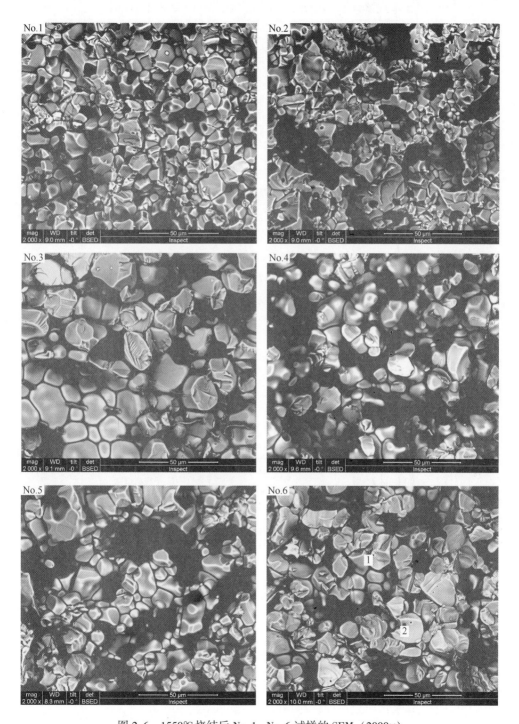

图 2.6　1550℃烧结后 No. 1~No. 6 试样的 SEM （2000×）

表 2.4　图 2.6 中 No.6 试样中 1 点和 2 点的 EDAX 分析结果

1 点元素	质量分数/%	摩尔分数/%	化合物分数/%	化学式	2 点元素	质量分数/%	摩尔分数/%	化合物分数/%	化学式
Ca K	21.77	19.54	30.46	CaO	Ca K	6.30	6.20	8.82	CaO
Zr L	51.48	20.31	69.54	ZrO$_2$	Zr L	67.50	29.20	91.18	ZrO$_2$
O	26.75	60.15			O	26.19	64.60		
总量	100.00				总量	100.00			

从图 2.6 还可以看出，材料中生成的大小规则并呈球形的锆酸钙颗粒，有的正从固溶体的表面析出，有的已经发育成了完整的球形颗粒并从固溶体产物中分离了出来，这说明氧化钙和氧化锆反应生成的锆酸钙为固相反应，而且在整个反应过程中是以氧化钙的扩散为主。原因是氧化钙和氧化锆生成锆酸钙的反应符合金斯特林格模型，即氧化钙和氧化锆反应生成锆酸钙的反应是由氧化钙在锆酸钙球壳层内的扩散速度控制的反应。图 2.7 所示为锆酸钙材料合成模型图。

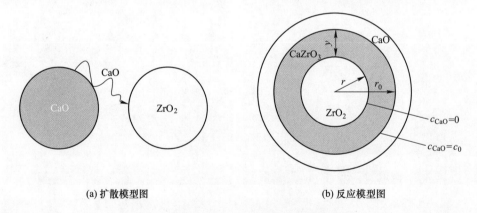

(a) 扩散模型图　　　　　(b) 反应模型图

图 2.7　氧化钙和氧化锆生成锆酸钙材料模型

根据图 2.7 氧化钙和氧化锆反应生成锆酸钙的模型可以将扩散反应的速率 v_D 表示成为：

$$v_D = -\frac{dn}{dt} = 4\pi r^2 D \frac{dx}{dr} \tag{2.4}$$

式中　v_D——扩散反应速率，mol/s；

　　n——氧化钙通过锆酸钙产物层扩散的物质的量，mol；

　　t——反应时间，s；

　　D——氧化钙通过锆酸钙产物层的扩散系数，m^2/s；

　　x——氧化钙在锆酸钙产物层的摩尔浓度，mol/m^3；

r——球壳的半径，m。

将式（2.4）移项积分，并代入边界条件有：

$$\int_{C_0}^{0} dC = -\frac{1}{4\pi D}\frac{dn}{dt}\int_{r_0}^{r}\frac{1}{r^2}dr \tag{2.5}$$

$$\frac{4\pi Dx_0 r_0 r}{r_0 - r} = -\frac{dn}{dt} \tag{2.6}$$

得

$$-\frac{dn}{dt} = -4\pi r^2 \rho_{CaO}\frac{dt}{dt} \tag{2.7}$$

式中　ρ_{CaO}——氧化钙的密度，mol/m^3。

将式（2.7）代入式（2.6），有：

$$\frac{4\pi Dx_0 r_0 r}{r_0 - r} = -4\pi r^2 \rho_{CaO}\frac{dr}{dt} \tag{2.8}$$

将式（2.8）移项积分，有：

$$\int_0^t \frac{Dx_0 r_0}{\rho_{CaO}}dt = \int_{r_0}^{r}(r^2 - r_0 r)dr \tag{2.9}$$

$$\frac{Dx_0}{\rho_{CaO}}t = \frac{1}{6}r_0^2\left[1 + 2\left(\frac{r}{r_0}\right)^3 - 3\left(\frac{r}{r_0}\right)^2\right] \tag{2.10}$$

在一定的煅烧温度条件下，氧化钙通过锆酸钙产物层的扩散系数 D 为一常数；同时在一定温度下扩散层外的氧化钙浓度 x_0 以及氧化钙的密度也为一常数，但是由于氧化锆的比表面积不同，氧化锆的半径大小不同，所以生成的锆酸钙球壳的起始半径 r_0 也不同，故令 $\frac{6Dx_0}{\rho_{CaO}} = \frac{1}{k}$，则式（2.10）可以改写成为：

$$t = kr_0^2\left[1 + 2\left(\frac{r}{r_0}\right)^3 - 3\left(\frac{r}{r_0}\right)^2\right] \tag{2.11}$$

从式（2.11）中可以看出，合成锆酸钙材料的反应时间只与 $\frac{r}{r_0} = \chi$ 有关，即合成锆酸钙的反应时间只与产物锆酸钙球壳层的厚度有关，而产物锆酸钙的球壳大小直接由氧化锆原料颗粒的大小决定，因此，氧化锆的粒度越小，反应所需要的时间越短，材料越容易合成和烧结，所以选用单斜氧化锆较好。综合分析来看，碳酸钙与单斜氧化锆是较好的合成锆酸钙材料的原料。

通过本节研究发现，碳酸钙、氧化钙、氢氧化钙均可分别与单斜氧化锆以及氧化钙部分稳定的氧化锆反应，生成锆酸钙，但是合成的锆酸钙材料微观结构和形貌差别较大，而且致密度也不一样；碳酸钙与单斜氧化锆是较好的生成锆酸钙材料的原料。

2.2　成型压力对合成锆酸钙材料性能的影响

2.2.1　实验过程

2.2.1.1　原料

本节实验采用的原料有电熔氧化钙部分稳定的氧化锆和活性石灰粉体。实验所用原料的化学成分见表 2.5。

表 2.5　原料的化学成分（质量分数）　　　　　　（%）

项目	SiO_2	Al_2O_3	Fe_2O_3	CaO	MgO	ZrO_2	灼减
氧化钙部分稳定氧化锆	0.36	0.34	0.15	3.80	—	95.0	—
活性石灰	1.50	2.35	0.16	86.80	2.80	—	5.64

2.2.1.2　制备

为了研究成型压力对合成锆酸钙材料的影响，设计了如下 6 种成型压力，实验方案见表 2.6。

表 2.6　试样成型压力的实验方案　　　　　　（MPa）

编号	No.1	No.2	No.3	No.4	No.5	No.6
氧化钙/氧化锆（摩尔比=1:1）	50	100	150	200	250	300

按照氧化钙与氧化锆的摩尔比等于 1 称取总量 500g 的物料，试样的混合、成型及烧成等制备过程与 2.1.3 节中的制备过程相同。

2.2.1.3　表征

合成材料的物相组成采用日本理学 D/max-RB12KW 转靶 X 衍射仪测定衍射强度，$CuK_{\alpha1}$ 辐射，管压 40kV，管流 100mA，采用 2θ 连续扫描方式，步长 0.02°（2θ）扫描速度 4°/min。微观结构采用日本 JSM6480LV 型 SEM 电镜分析微观形貌，试样的显气孔率和体积密度采用排水法测定（介质为柴油，密度为 0.833g/cm³）。

2.2.2　实验数据分析与处理

2.2.2.1　成型压力对合成锆酸钙材料坯体密度的影响

图 2.8 所示为成型压力与锆酸钙材料坯体密度的关系。从图中可以看出，随着成型压力的增加，坯体的致密度逐渐增加，但是并非线性关系增加。因为当成

型压力增加时，锆酸钙坯体中的物料在成型压力的作用下出现靠紧靠近，使得坯体的密度增加，同时物料之间的摩擦力也在增加，物料中气孔的压力也在增大，这会阻碍物料颗粒之间的相互接触，而这两种阻碍力的增加并不是呈直线增加，所以造成了锆酸钙材料坯体的密度也不是随压力的增加而呈直线增加。经拟合回归后得到成型压力与坯体的密度符合下列关系式：

$$\rho = 0.901 + 0.267\ln(p + 25.981) \tag{2.12}$$

式中　p——成型压力，MPa；

　　　ρ——成型坯体的密度，g/cm^3。

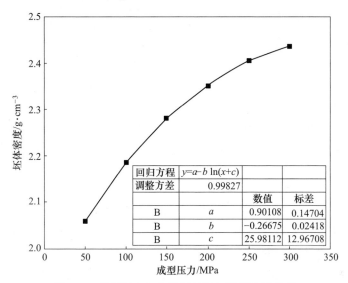

图 2.8　成型压力与锆酸钙材料坯体密度的关系

2.2.2.2　成型压力对合成锆酸钙材料致密度的影响

图 2.9 所示为成型压力对合成锆酸钙材料致密度的影响。从图 2.9 中可以看出，随着成型压力的增加，材料的体积密度呈上升趋势，而显气孔率呈下降趋势，当成型压力达到 200MPa 后，试样致密化的程度减弱。出现这种现象的原因是：压力的增加，成型坯料的致密度增加，使得烧成后材料的致密度相应增加。由于合成锆酸钙会产生一定的体积膨胀，当压力超过 200MPa 后，材料产生的膨胀效应会抵消压力压制坯体带来的致密效应，因而出现了当压力超过 200MPa 后，压力增加，试样的致密度增加缓慢的现象。

2.2.2.3　成型压力对合成锆酸钙材料的矿物相的影响

图 2.10 所示为 1550℃保温 3h 烧成后不同成型压力下试样的 XRD。从图中可以看出：不管在多大成型压力下，生成的产物均为锆酸钙，而且随着压力的变

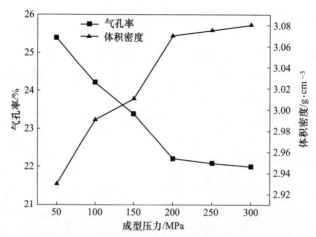

图 2.9　1550℃保温 3h 不同成型压力对合成锆酸钙材料致密度的影响

化，试样中的矿物相并没有发生任何变化。由此可以得出，压力的改变对合成锆酸钙材料的矿物相没有任何影响。原因是成型压力的增加，虽然可以增加物料之间的相互接触，使物料靠紧靠近，反应更容易进行，但是对反应的产物的物相没有影响。

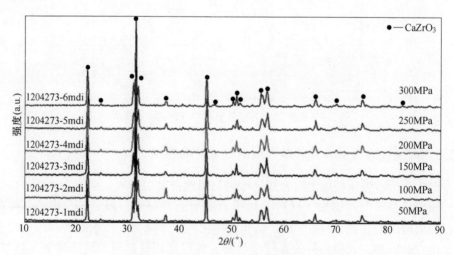

图 2.10　1550℃保温 3h 不同成型压力下试样的 XRD 图谱

2.2.2.4　成型压力对合成锆酸钙材料的微观结构影响

图 2.11 所示为不同成型压力下锆酸钙试样 100 倍的 SEM。从图 2.11 中可以看出，在不同的成型压力下，6 个试样材料的微观结构并没有发生明显的变化，可见压力对合成锆酸钙的气孔分布并无明显的影响。

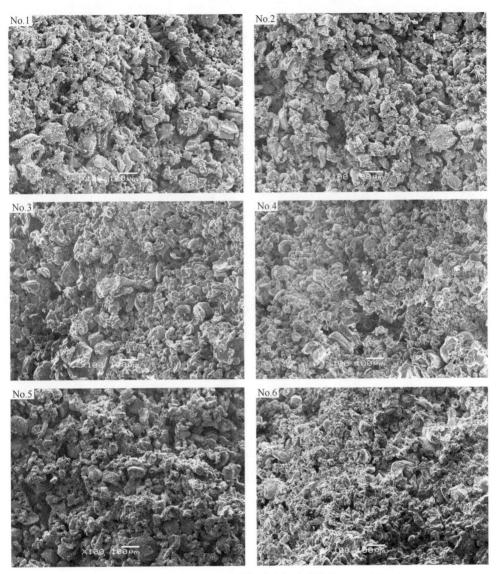

图 2.11　1550℃保温 3h 不同成型压力下试样的 SEM（100×）

图 2.12 所示分别为不同成型压力下锆酸钙试样的 5000 倍 SEM。从图 2.12 中可以看出，随着压力的增大，合成锆酸钙材料的晶粒大小没有发生明显的变化，所有试样的晶粒尺寸基本上都在 $2\sim3\mu m$ 之间。根据锆酸钙反应模型计算公式（2.11），令 $\dfrac{6Dx_0}{\rho_{CaO}r_0^2}=\dfrac{1}{k}$，$\dfrac{r}{r_0}=\chi$；则式（2.11）可以改写成

$$t = k(1 + 2\chi^3 - 3\chi^2) \tag{2.13}$$

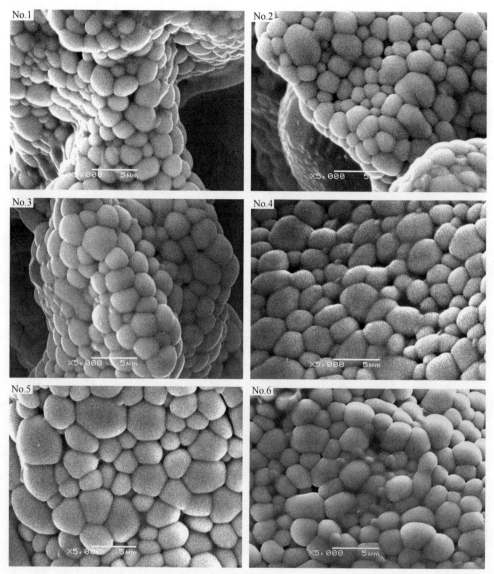

图 2.12　1550℃保温 3h 不同成型压力下试样的 SEM（5000×）

从式（2.13）可见，合成锆酸钙的反应时间只与 $\dfrac{r}{r_0}=\chi$ 有关，即合成锆酸钙的反应时间只与球壳的厚度有关；而氧化钙与氧化锆在高温下合成锆酸钙时，由于氧化钙的熔点比氧化锆的熔点低，因此主要是由氧化钙在高温下蒸发扩散到氧化锆的表面，并在氧化锆的表面生成一层锆酸钙球壳，这层球壳的形成阻止了后续扩散的氧化钙和中心氧化锆的反应，使得该层球壳成为整个反应过程的限制环节。增加配料的成型压力，虽然可以是反应物料接近，但是并不能增加氧化钙在锆酸钙球壳层的扩散速度，也不能减薄锆酸钙球壳的厚度，所以增加成型压力对合成锆酸钙材料的晶粒大小并没有影响。因此成型压力增加时，锆酸钙材料的晶粒大小没有变化，基本维持在 $2 \sim 3\mu m$ 之间。所以综合分析来看，合适的成型压力应选择 200MPa。

通过本节研究成型压力对锆酸钙材料性能的影响可以得出如下结论：随成型压力的增加，试样的致密程度加大；当成型压力达到 200MPa 后，成型压力对合成锆酸钙材料的致密度影响减弱；成型压力对合成锆酸钙材料的矿物相无影响，对材料的微观结构影响不大。综合考虑合适的成型压力应选择 200MPa。

2.3 氧化钙与氧化锆摩尔比对合成锆酸钙材料性能的影响

2.3.1 实验过程

2.3.1.1 原料

本节选用的原料有电熔氧化钙部分稳定氧化锆，粒度<0.074mm；石灰石粉，粒度<0.044mm。其化学成分见表 2.7。

表 2.7 原料的化学成分（质量分数）   （%）

项　　目	SiO_2	Al_2O_3	Fe_2O_3	CaO	MgO	ZrO_2	灼减
氧化钙部分稳定氧化锆	0.3	0.3	0.1	3.8	—	95	—
石灰石	0.5	1.0	0.10	55.2	0.7	—	42.4

2.3.1.2 制备

表 2.8 为不同氧化钙与氧化锆（CaO/ZrO_2）摩尔比对合成锆酸钙材料影响的实验方案。重点是考察不同氧化钙与氧化锆摩尔比值时，杂质含量对合成锆酸钙的影响。

表 2.8 不同氧化钙与氧化锆摩尔比对合成锆酸钙的影响

试样编号	No. 1	No. 2	No. 3	No. 4	No. 5	No. 6	No. 7
氧化钙与氧化锆摩尔比值	0.6	0.8	0.9	1	1.1	1.2	1.4
氧化钙部分稳定氧化锆/g	12.3	14.4	15.3	16.0	16.8	17.4	18.5
石灰石/g	17.7	15.6	14.7	14.0	13.2	12.6	11.5

按照表 2.7 的实验方案进行称量，试样制备与 2.2.3 节的制备过程相同。

2.3.1.3 表征

用 Philips Xpert-MPD 型 X 射线衍射（X-ray diffraction，XRD）仪对烧成后的

样品进行物相分析，Cu 靶 $K_{\alpha 1}$ 辐射，电流为 40mA，电压为 40kV，扫描速率为 4°/min。用 X′pert HignScore 软件中的 Semi-quantification 法计算各晶相的含量；用荷兰产 FEI QUATA Inspect 扫描电镜（scanning electron microscope，SEM）观察各样品的微观形貌，微区的成分分析采用牛津仪器 IE350 型能谱仪。用阿基米德排水法检测各配方烧后试样的体积密度和气孔率（介质为柴油，密度为 $0.833g/cm^3$）。

2.3.2 实验数据分析与处理

2.3.2.1 氧化钙与氧化锆摩尔比对合成锆酸钙材料致密度的影响

图 2.13 所示为 1550℃保温 3h 后不同氧化钙与氧化锆比值与试样的显气孔率、体积密度的关系。从图中可以看出，当材料中氧化钙与氧化锆比值等于 1.1 时，材料的致密度最低；并且随着氧化钙与氧化锆比值的增加，材料的致密度出现了先降低后增加的趋势。主要原因是，理论上当氧化钙与氧化锆摩尔比值接近于 1.0 时材料中生成的锆酸钙最多，材料的致密度最差，但是由于原料中有少量的二氧化硅和氧化铝等杂质，在反应过程中，石灰石分解后的氧化钙先与二氧化硅和氧化铝反应，消耗掉部分氧化钙，从而使得出现生成最多锆酸钙相材料的氧化钙与氧化锆摩尔比值为 1.1。由于氧化钙和氧化锆在 920℃时就能发生反应生成锆酸钙，1200℃时可大量生成；当氧化钙与氧化锆的摩尔比值小于 1.1 时，反应生成的锆酸钙伴随有较大的体积膨胀，从而使得锆酸钙材料难于烧结，并且试样的致密度也出现了随氧化钙与氧化锆比值增加而减小的现象；当氧化钙与氧化锆的摩尔比值大于 1.1 时，由于材料中合成锆酸钙的量相对减少，体积膨胀效应减弱，游离氧化钙的存在有助于 Ca^{2+} 和 Zr^{4+} 离子通过晶界的扩散迁移和晶粒的长大和均匀生长，同时游离氧化钙在高温下的死烧也会使得试样致密度增加。

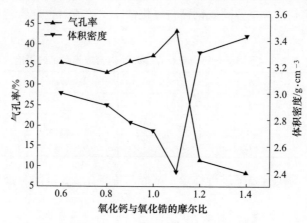

图 2.13　1550℃×3h 不同氧化钙与氧化锆摩尔比值与气孔率、体积密度的关系

2.3.2.2 氧化钙与氧化锆摩尔比对合成锆酸钙材料矿物相的影响

图2.14所示为氧化钙与氧化锆摩尔比对合成锆酸钙材料的XRD。从图2.14可以看出，合成试样中的主要矿物相为锆酸钙；当氧化钙与氧化锆的摩尔比值为1.1时合成试样中仅有锆酸钙相。当氧化钙与氧化锆摩尔比值小于1.1时，合成试样中的矿物相除了锆酸钙外，还有一定量的立方锆酸钙（$CaZr_4O_9$），并且随着氧化钙与氧化锆摩尔比值的增加而逐渐减少直到消失，出现这种现象的原因与原料的配料直接相关。当氧化钙与氧化锆的摩尔比值大于1.1时，合成试样中的矿物相除了锆酸钙相外，还有一定量的氧化钙，并且随着氧化钙与氧化锆摩尔比值的增加，试样中的氧化钙相也增加。原因是当试样中的氧化钙含量不充分时，材料中生成的矿物相为锆酸钙和立方锆酸钙；当氧化钙含量充分并过量时，则为锆酸钙和氧化钙，但是在合成锆酸钙的试样中，如果有杂质（Al_2O_3和SiO_2）的存在，则试样氧化钙先与杂质反应，消耗掉部分二氧化钙，从而使得氧化钙与氧化锆反应生成锆酸钙的最佳物料点并不出现在1.0，而是产生偏移，即出现在本实验中氧化钙与氧化锆摩尔比值为1.1的位置。

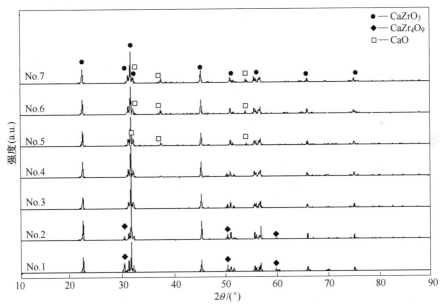

图2.14 1550℃×3h 氧化钙与氧化锆摩尔比对合成锆酸钙材料的XRD图谱

2.3.2.3 不同氧化钙与氧化锆摩尔比对合成锆酸钙材料微观结构的影响

图2.15所示为不同氧化钙与氧化锆摩尔比值的试样经1550℃保温3h后的SEM图。从图2.15（No.1~No.7）可以看出，图中的7个试样均生成了锆酸钙，

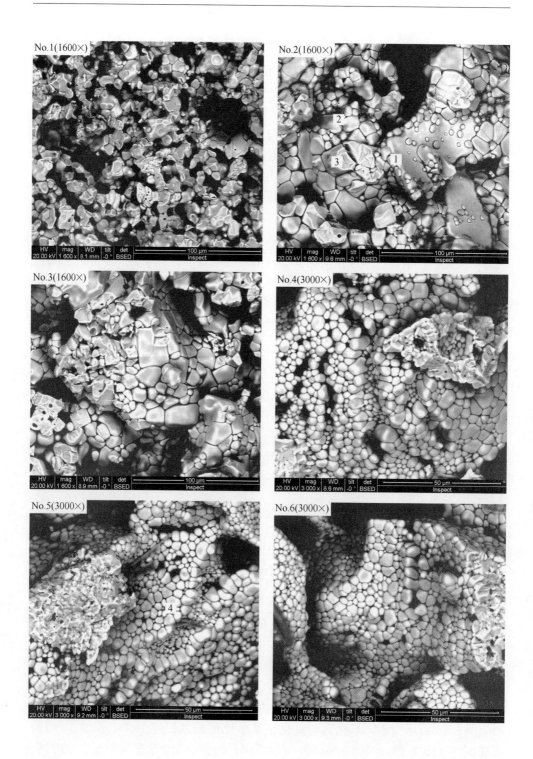

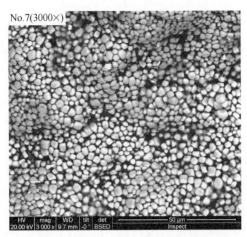

图 2.15　1550℃×3h 氧化钙与氧化锆摩尔比对试样微观结构分析的 SEM

但是锆酸钙的结晶程度不一样。当氧化钙与氧化锆的摩尔比值小于 1.0 时，材料中的锆酸钙颗粒大小不均匀，结晶不完整；当氧化钙与氧化锆的摩尔比值大于 1.0 时，材料中生成的锆酸钙结晶完整，粒径分布均匀。而且由 No.1、No.2 和 No.3 试样的 SEM 图可以看出，材料中灰色较大不规则形状的物质，根据表 2.16 中能谱的分析结果谱鉴定为立方锆酸钙；而材料中生成的大小规则并呈球形的颗粒为锆酸钙，其中有的正从立方锆酸钙相表面析出，有的已经发育成了完整的球形颗粒并正从立方锆酸钙相中分离出来。由于氧化钙与氧化锆生成锆酸钙的反应为固相反应，而且在整个反应中是以氧化钙的扩散为主。因为氧化钙的熔点（2570℃）低于氧化锆的熔点（2680℃），氧化钙可以通过表面扩散而布满整个氧化锆的表面。因此，当氧化钙与氧化锆的摩尔比值小于 1.0 时，材料中会出现一定量的立方锆酸钙产物。同时通过图 2.21 可以看出，随着氧化钙含量的增加，材料中锆酸钙的结晶更完整，而且晶粒更为均匀一致，并且材料的中的气孔分布也更均匀。从表 2.9 中 No.2 试样 2 点和 3 点的能谱以及 No.5 试样中 4 点的能谱分析结果可以发现，生成的锆酸钙材料的氧化钙与氧化锆的摩尔比不同，4 点的比值明显高于 2 点和 3 点，这也证实了过量氧化钙的存在确实促进了物质的迁移和材料的烧结，使得材料的致密度提高，这与材料的致密度情况的分析相一致。因为在高温下当氧化钙扩散到氧化锆表面时，会在氧化锆的表面生成一层锆酸钙的球壳，这层球壳的形成阻止了后续扩散的氧化钙和中心氧化锆的反应，使得该层球壳成为整个反应过程的限制环节。但是当材料中氧化钙的含量增加时，会促进氧化钙在高温下蒸发，使得单位时间内扩散到氧化锆表面氧化钙的浓度增加，从而使得反应更容易进行。所以随氧化钙含量的增加，合成锆酸钙材料越容易烧结，合成锆酸钙材料的致密度越大。

表 2.9　No.2 和 No.5 试样中各点的 EDAX 分析（摩尔分数）　（%）

项　目	Ca	Zr	O
1 点	6.74	28.17	64.09
2 点	18.70	20.87	60.43
3 点	19.69	20.21	60.10
4 点	21.12	19.25	59.63

综合本节的分析可以得出如下结论：利用不同摩尔比值的活性石灰和氧化钙部分稳定氧化锆合成锆酸钙材料时，应考虑原料中的杂质与氧化钙反应的情况，氧化钙与氧化锆的摩尔比应选择为 1.1；当氧化钙与氧化锆的摩尔比值小于 1.1 时，材料中的矿物相以锆酸钙和立方锆酸钙为主，当氧化钙与氧化锆的摩尔比大于 1.1 时，材料中的矿物相以锆酸钙和氧化钙为主；过量氧化钙的存在可以促进锆酸钙材料的烧结，提高锆酸钙材料的致密度，但是对材料抗水化存在不利影响。

2.4　烧结方式对合成锆酸钙性能的影响

2.4.1　实验过程

2.4.1.1　原料

实验所用原料有分析纯碳酸钙、工业纯单斜氧化锆。分析纯碳酸钙和工业纯单斜氧化锆的理化指标见表 2.1。

2.4.1.2　制备

首先将分析纯碳酸钙和工业纯单斜氧化锆按 1∶1 的摩尔比称取总量 1000g，其中分析纯碳酸钙 448g，工业纯单斜氧化锆 552g。然后将物料置于 GJ-3 型振动制样机中，强力混合震动 2min，使物料充分混合均匀，接着加入物料总质量 5% 的酒精混合后用液压机在 200MPa 的压力下对物料进行压制成型，试样大小 ϕ50mm×50mm，最后将试样放在 110℃ 的烘箱中干燥 2h。

其中一部分试样标记为 No.0，进行一步烧结实验。将该部分试样置于高温箱式电炉中于室温升温至 1600℃ 保温 3h 烧成，升温曲线为：室温~500℃，8℃/min；500~1000℃，5℃/min；1000~1600℃，3℃/min。试样烧成后随炉冷却备用。

余下的试样中，一部分试样标记为 No.1，进行二步烧结。首先将该部分试样放置在高温箱式电炉中于室温升温至 1000℃，保温 3h 预烧成，升温曲线为：

室温~500℃，8℃/min；500~1000℃，5℃/min。预烧成后随炉冷却，冷却后的试样经过再破碎，然后进行成型，之后再完成一步烧结所有的工序。

剩下的另一部分试样标记为 No.2，进行真空热压烧结。真空热压烧结设备为热压烧结炉，热压烧结压力为 $15 \times 101325Pa$。加热之前，首先将炉内抽真空，炉内压力为 $10^{-2}Pa$，并保压 30min；然后加压到 $15 \times 101325Pa$，同时升温，将炉温升至500℃后由真空气氛改氩气气氛保护，并保持炉内氩气压力为 10^4Pa。加热曲线：室温~1600℃，12.5℃/min；1600℃保温 3h；试样随炉冷却至1000℃时，卸载试样的压力，并将原来的氩气保护重新改为真空，炉内的压力保持在 $10^{-2}Pa$，直至炉内冷却到室温，然后取出试样待用。

2.4.1.3 表征

用 Philips Xpert-MPD 型 X 射线衍射（X-ray diffraction，XRD）仪对烧成后的样品进行物相分析，Cu 靶 $K_{\alpha 1}$ 辐射，电流为 40mA，电压为 40kV，扫描速率为 4°/min。用 X′pert HignScore 软件中的 Semi-quantification 法计算各晶相的含量；用荷兰产 FEI QUATA Inspect 扫描电镜（scanning electron microscope，SEM）观察各样品的微观形貌，微区的成分分析采用牛津仪器 IE350 型能谱仪。用阿基米德排水法检测各配方烧后试样的体积密度和气孔率（介质为柴油，密度为 $0.833g/cm^3$）。

2.4.2 实验数据分析与处理

2.4.2.1 材料晶相组成分析

图 2.16 所示为不同烧结方式下锆酸钙试样的 XRD 图谱。从图 2.16 可以看出，采用不同的烧结方式均可以制备出以锆酸钙相为主晶相的锆酸钙材料，其中锆酸钙材料中还有少量的 $CaZr_4O_{18}$ 相。而且从衍射峰来看，三种烧结方式试样的物相也没有什么不同，可见烧结方式不同并没有改变合成锆酸钙材料的物相。因为在高温下 $CaCO_3$ 分解为 CO_2 和 CaO 后，锆酸钙材料的合成可以看成是 CaO 和 ZrO_2 的合成反应。从 $CaO-ZrO_2$ 二元相图可知，当 CaO 和 ZrO_2 以 1∶1 的摩尔比混合经高温煅烧后，合成的物相为锆酸钙，但由于实验配料过程中称量存在偏差，出现了 CaO 与 ZrO_2 的摩尔比小于 1 的情况，于是在材料经高温煅烧后，出现了少量的 $CaZr_4O_{18}$ 物相。

2.4.2.2 材料微观结构分析

图 2.17 所示为采用不同烧结方式合成锆酸钙试样的 SEM 照片。图片中灰色的物质为锆酸钙，白色的物质为 $CaZr_4O_{18}$ 相，黑色形状为材料中的气孔。从低倍

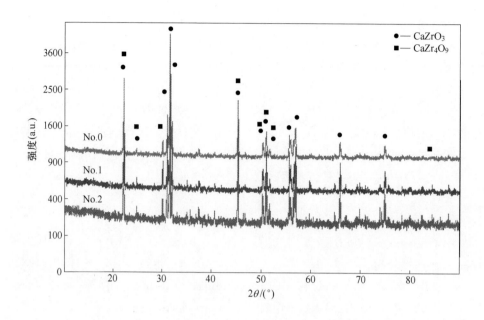

图 2.16   不同烧结方式下锆酸钙试样的 XRD 图谱

照片可以看出，一步烧结的 No.0 试样的结合最为疏松，材料中存在着较多较大的圆形气孔；二步烧结的 No.1 试样和热压烧结的 No.2 试样的致密程度相差不大，但是 No.1 试样的气孔分布比 No.2 试样的气孔分布更为均匀。从高倍照片可以看出，其中 No.0 试样中气孔较多，存在大小不一的圆孔状，在材料内部残存的气孔相对很少，材料中的气孔主要存在于颗粒或材料的晶界位置，而且气孔较大，合成的锆酸钙材料颗粒大小不规则，粒径大致在 5~20μm，各颗粒之间结合也不紧密，有些颗粒之间还包裹着圆形的气孔。二步烧结的 No.1 试样气孔相对较少，颗粒边界和颗粒内部都有圆形的气孔，气孔的大小相差不大；各锆酸钙颗粒之间形成了直接结合，而且结合紧密，颗粒大小发育不均匀多数在 20μm 左右，有少量的颗粒在 5μm 左右。热压烧结的 No.2 试样中的气孔也较多，气孔的直径大小在 1μm 左右，很多气孔存在于材料颗粒内部，也有的气孔在颗粒边沿，锆酸钙颗粒发育较均匀，颗粒大小在 5~10μm，各颗粒之间也形成了直接结合，但是它们之间的结合不及 No.1 试样结合的紧密。

综合分析三种烧结方式的锆酸钙试样的 SEM 图可以看出，No.0 试样的气孔最多、最大，材料的结合最为疏松；No.1 的气孔最少，分布主要集中在颗粒的边缘；No.2 试样的气孔也较大，分布在材料颗粒和颗粒的边缘，这些显微结构方面的差别将导致合成的锆酸钙材料在致密度方面存在一定的差别。

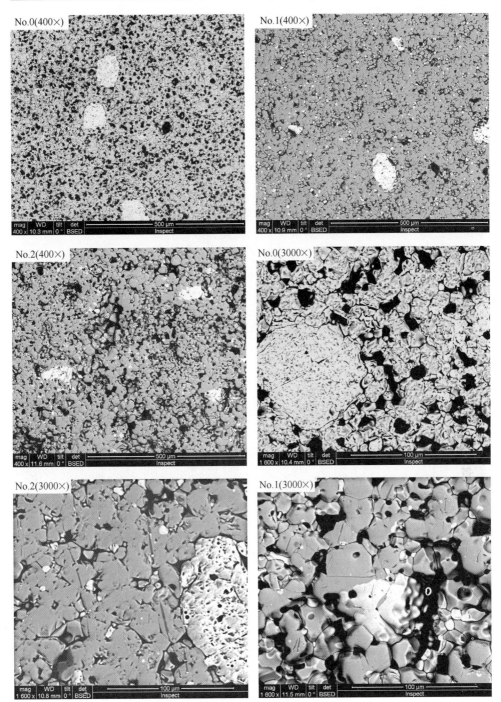

图 2.17 不同烧结方式的锆酸钙试样的 SEM 照片
（No.0 试样：一步烧结；No.1 试样：二步烧结；No.2 试样：热压烧结）

2.4.2.3　材料致密度分析

图 2.18 所示为不同烧结方式对锆酸钙试样的体积密度和气孔率的影响。从图 2.18 中可以看出，一步烧结的 No.0 试样的体积密度最小，气孔率最高；二步烧结的 No.1 试样的体积密度最大，气孔率最低；热压烧结的 No.2 试样介于二者之间。原因是在坯料成型后，材料中残留有大量的气孔，一步烧结时，固相烧结时间短，物质的扩散速度较慢，使得坯料中的气孔难以在短时间内排出，材料很难达到致密化；同时当以碳酸钙为原料时，高温煅烧后也会留下二氧化碳的排除通道，因此造成了材料在高温下一步烧结时很难致密化。而二步烧结中，由于物料合成已在一步预烧结中完成，因此在二次烧结中，物料只需经过重新聚合长大、排除二次坯体中的残存气孔而达到致密化，因此合成试样的致密度较高，而且材料中气孔的分布也主要集中在颗粒的边缘，因此坯体的密度相对较高。而热压烧结是在高温加压的条件下进行的，根据麦肯齐（Machenzie）提出的热压烧结下的塑性流动机理公式（2.19）：

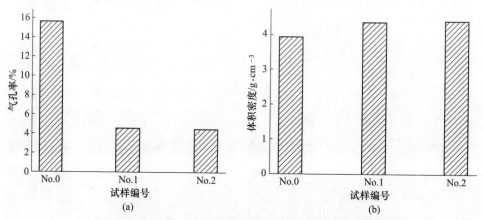

图 2.18　不同烧结方式对锆酸钙试样的体积密度和气孔率的影响

$$\frac{\mathrm{d}\rho}{\mathrm{d}t} = \frac{3}{2}\left(\frac{4\pi}{3}\right)^{1/3} n^{1/3} \frac{\sigma}{\mu}(1-\rho)^{2/3}\rho^{1/3} \tag{2.14}$$

式中　ρ——烧结坯体的相对密度（实际密度与理论密度的比值）；

　　　n——烧结坯体单位体积内气孔数；

　　　σ——物料表面张力，N/m^2；

　　　μ——物料的黏度，$N \cdot s/m^2$；

　　　t——烧结时间，s。

假设 D 为烧结坯体中气孔的直径，则气孔数与烧结坯体的烧结密度间存在下面的关系式：

$$n \frac{4}{3}\pi\left(\frac{D}{2}\right)^3 = \frac{\text{气体体积}}{\text{固体体积}} = \frac{1-\rho}{\rho}$$

$$n^{1/3} = \left(\frac{1-\rho}{\rho}\right)^{1/3}\left(\frac{3}{4\pi}\right)^{1/3}\frac{2}{D} \tag{2.15}$$

将式（2.15）代入式（2.16）有：

$$\frac{\mathrm{d}\rho}{\mathrm{d}t} = \frac{3\sigma}{D\mu}(1-\rho) \tag{2.16}$$

从式（2.16）可以看出，由于不同烧结方式实验条件下物料的相对密度、坯料中的气孔大小、物料的表面张力、烧结时间均相同，所以当进行热压烧结时，由于坯料受压力的影响使得物料发生塑性流动，物料的黏度变小，从而使得坯体在相同的时间内更容易达到致密化，因此在热压烧结下，可以使得材料获得很高的密度，材料很容易致密化，这也是热压烧结在材料合成过程中得到大量应用的原因。但是由于在高温加压时，合成锆酸钙原料中碳酸钙分解出的二氧化碳很难在高压下排出，即增加压强不利用锆酸钙合成反应的进行，因此产物二氧化碳的生成阻碍了锆酸钙材料的烧结，造成了材料中特别是锆酸钙晶粒内部残存了大量的气孔，导致材料的体积密度不高，气孔率较大——试样的显微结构分析也印证了这一点。所以综合合成锆酸钙材料的致密度和微观结构分析认为，以碳酸钙和单斜氧化锆为原料，采用二步烧结工艺是合成锆酸钙材料最适宜的烧结方式。

通过本节的分析可以得出如下结论：不同烧结方式对合成锆酸钙的矿物相没有影响；一步烧结与二步烧结和热压烧结对锆酸钙材料的微观结构和致密度影响很大；而二步烧结和热压烧结对锆酸钙材料的微观结构影响有差别，但是对锆酸钙材料的致密度影响相差很小。二步烧结工艺是合成锆酸钙最合适的烧结方式。

2.5　氧化铝对合成锆酸钙材料性能的影响

2.5.1　实验过程

2.5.1.1　原料

实验所用原料有分析纯碳酸钙、工业纯单斜氧化锆和活性 α-Al_2O_3 微粉。分析纯碳酸钙和工业纯单斜氧化锆的理化指标见表 2.1。活性 α-Al_2O_3 微粉中：$w(Al_2O_3) = 99.10\%$，$w(SiO_2) = 0.15\%$，中位粒径 $D_{50} = 0.57\mu m$。

2.5.1.2　制备

首先将分析纯碳酸钙和工业纯单斜氧化锆中的碳酸钙和氧化锆按 1∶1 的摩尔比称量总量 320g，其中分析纯碳酸钙 143.5g，工业纯单斜氧化锆 176.5g；然后将配方物料置于 GJ-3 型振动制样机中，强力震动混合 2min，使物料充分混合均匀，然后将物料称量 6 份，每份 50g，编号分别为 No. 0、No. 1、No. 2、No. 3、No. 4、No. 5。其中 No. 0 作为基础配方，然后在其他相应的 No. 1~No. 5 个配方中依次分别外加 0.5%、1.0%、2%、3%、4%（摩尔分数）的活性 $\alpha\text{-Al}_2\text{O}_3$ 微粉，实验方案见表 2.10。

表 2.10　不同氧化铝添加量的实验配方

试样编号	No. 0	No. 1	No. 2	No. 3	No. 4	No. 5
氧化铝的摩尔分数/%	0	0.5	1	2	3	4
氧化铝的质量/g	0	0.114	0.229	0.457	0.686	0.915

试样的混合、成型与 2.1.1.3 节试样的制备过程相同，成型好的试样放入高温箱式电炉中烧成，烧成曲线为：室温 ~ 500℃，8℃/min；500 ~ 1000℃，5℃/min；1000 ~ 1600℃，3℃/min；1600℃保温 1h。试样烧成后随炉冷却备用。

2.5.1.3　表征

用 Philips Xpert-MPD 型 X 射线衍射（X-ray diffraction, XRD）仪对烧成后的样品进行物相分析，Cu 靶 $K_{\alpha 1}$ 辐射，电流为 40mA，电压为 40kV，扫描速率为 4°/min。用 X′pert HignScore 软件中的 Semi-quantification 法计算各晶相的含量；用荷兰产 FEI QUATA Inspect 扫描电镜（scanning electron microscope, SEM）观察各样品的微观形貌，微区的成分分析采用牛津仪器 IE350 型能谱仪。用阿基米德排水法检测各配方烧后试样的体积密度和气孔率（介质为柴油，密度为 0.833g/cm^3）。分析过程中使用了 X′ Pert Plus 软件对 X 射线衍射图进行拟合，计算锆酸钙的晶格参数和晶胞体积。

2.5.2　实验数据分析与处理

2.5.2.1　材料晶相组成分析

图 2.19 所示为添加不同摩尔含量氧化铝的锆酸钙试样的 XRD 图谱。由图 2.19 可知 No. 0 试样以碳酸钙和氧化锆为原料经过 1600 ℃烧成获得了以锆酸钙相为主晶相的锆酸钙材料，还有少量的立方锆酸钙（CaZr_4O_9）。对比不同氧化铝加入量的 No. 1~No. 5 配方试样与 No. 0 基础配方的 XRD 图，可以发现，随反应物中氧化铝加入量增加，当氧化铝加入量达到 2%（摩尔分数）以上时，锆酸钙材料中开始出现铝酸钙相，并且衍射峰呈现增加趋势。

出现这种情况的原因可以从两方面进行解释。一方面从锆酸钙晶体结构分析，O^{2-} 和半径较大的正离子 Ca^{2+} 一起按面心立方点阵作最紧密堆积排列，Ca^{2+}

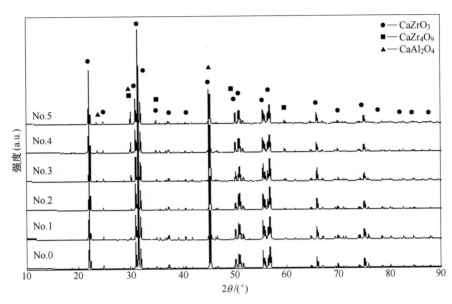

图 2.19 氧化铝不同加入量的锆酸钙试样 XRD 图谱

位于面心立方点阵的 8 个顶点处，O^{2-} 位于立方点阵 6 个面的中心；Ca-O 形成了 $[CaO_{12}]$ 结构，Zr-O 形成了 $[ZrO_6]$ 八面体。较小正离子 Zr^{4+} 在 O^{2-} 形成的八面体中心；Ca^{2+} 在 8 个 $[ZrO_6]$ 八面体的空隙中；$[ZrO_6]$ 八面体群互相以顶角相连形成三维空间结构。锆酸钙晶体中各离子半径分别为：$r_{Ca^{2+}} = 0.106nm$、$r_{O^{2-}} = 0.132nm$，$r_{Zr^{4+}} = 0.072nm$；$r_{Al^{3+}} = 0.054nm$。根据材料中形成固溶体的条件判断，首先，Zr^{4+} 在锆酸钙材料中形成的是 $[ZrO_6]$ 八面体，而 Al^{3+} 也可以取代 Zr^{4+} 在锆酸钙晶体中形成 $[AlO_6]$ 八面体，所以认为它们具有相同的结构类型；其次 $\Delta r_1 = \dfrac{r_{Zr^{4+}} - r_{Al^{3+}}}{r_{Zr^{4+}}} = \dfrac{0.072 - 0.054}{0.072} = 25\% > 15\%$，满足形成有限置换固溶体的条件，但固溶度较小；而 $\Delta r_2 = \dfrac{r_{Ca^{2+}} - r_{Al^{3+}}}{r_{Ca^{2+}}} = \dfrac{0.106 - 0.054}{0.106} = 49\% > 30\%$，不满足有限置换固溶体形成的基本条件，因此当氧化铝加入到合成锆酸钙材料中时，Al^{3+} 会与 Zr^{4+} 发生置换，形成有限固溶体。反应物中由于铝离子的置换固溶作用形成的结构缺陷加快了反应物离子的扩散，促进了锆酸钙相的形成。由于 Al^{3+} 与 Zr^{4+} 的电价不同，故形成置换固溶体的缺陷反应方程式如式（2.17）和式（2.18）所示：

$$Al_2O_3 \xrightarrow{CaZrO_3} 2Al'_{Zr} + 3O_O + V_{\ddot{O}} \tag{2.17}$$

$$2Al_2O_3 \xrightarrow{CaZrO_3} 3Al'_{Zr} + 6O_O + Al_i^{\cdots} \tag{2.18}$$

2.5.2.2　材料晶格常数分析

表 2.11 为采用公式（2.19）计算出的 No.0~No.5 锆酸钙试样中锆酸钙相的晶格常数和晶胞体积。

$$\left(\frac{h}{a}\right)^2 + \left(\frac{k}{b}\right)^2 + \left(\frac{l}{c}\right)^2 = \frac{1}{d_{hkl}^2} \tag{2.19}$$

表 2.11　锆酸钙相的晶格常数和晶胞体积

试样编号	a/nm	b/nm	c/nm	$\alpha=\beta=\gamma$/(°)	晶胞体积/nm³	晶系
No.0	0.55890	0.57612	0.80179	90	0.25817	orthorhombic
No.1	0.55891	0.57609	0.80171	90	0.25812	orthorhombic
No.2	0.55879	0.57600	0.80151	90	0.25798	orthorhombic
No.3	0.55874	0.57570	0.80139	90	0.25778	orthorhombic
No.4	0.55894	0.57605	0.80165	90	0.25811	orthorhombic
No.5	0.55889	0.57603	0.80176	90	0.25812	orthorhombic

高温下当氧化铝加入合成锆酸钙材料中时，Al^{3+} 会与 Zr^{4+} 发生置换，形成有限固溶体。置换固溶体的形成会导致锆酸钙材料的晶格常数和晶胞体积发生变化。由表 2.11 可知，氧化铝加入对锆酸钙材料的晶型结构没有产生影响，锆酸钙材料仍保持原来的正交晶系、$Pcmn$ 空间群结构，但锆酸钙相晶格常数和晶胞体积却先减小后增加。No.1~No.3 试样中锆酸钙晶胞常数和晶胞体积随氧化铝加入量增加而减小；当氧化铝加入量为 2%（摩尔分数）时，锆酸钙相的晶胞常数和晶胞体积相对最小，当氧化铝加入量超过 2%（摩尔分数）后，锆酸钙材料的晶胞常数和晶胞体积增加，但变化幅度较小。这可以从氧化铝加入后与锆酸钙材料发生置换固溶作用的角度分析。当 Al^{3+} 占据 Zr^{4+} 位置时对锆酸钙晶胞常数和晶胞体积产生了影响，在式（2.17）中形成了带负电的 Al'_{Zr} 和 $V_{\ddot{O}}$ 缺陷直接导致锆酸钙晶胞常数和晶胞体积减小，因此，当氧化铝加入量小于 2%（摩尔分数）时，主要发生式（2.17）的置换反应。而当氧化铝加入量大于 2%（摩尔分数）时，随氧化铝加入量增加，锆酸钙材料结构中缺陷形式发生了改变，即由式（2.17）的 $V_{\ddot{O}}$ 缺陷转变成式（2.18）的 $Al_i^{\cdots}$ 缺陷，$Al_i^{\cdots}$ 出现导致晶胞常数和晶胞体积逐渐增加。而且从形成间隙固溶体的条件可以判断，$r_2 = 49\% > 41\%$，$r_{Al^{3+}} = 0.054nm < 0.1nm$，并且在锆酸钙材料中 Zr^{4+} 只填充了 Ca^{2+} 和 O^{2-} 组成的立方体中的 1/4 八面体空隙，所以 Al^{3+} 进入锆酸钙材料中间隙位置是完全可能的；因此当氧化铝加入量大于 2%（摩尔分数）时，将发生式（2.18）的缺陷反应方

程式，形成的 $Al_i^{..}$ 导致锆酸钙晶胞常数和晶胞体积增大。

此外，由于阳离子的电场强度（Z/r^2，Z 代表阳离子的电价数，r 代表阳离子的半径）表示阳离子对阴离子的引力强弱程度，同在六配位的情况下，Al^{3+} 及锆酸钙结构中 Zr^{4+} 和 Ca^{2+} 的电场强度分别为 10.288 和 7.716 和 1.780。从各离子的电场强度关系可知，Al^{3+} 的电场强度远高于 Ca^{2+} 的电场强度。在组成 CaO-ZrO_2-Al_2O_3 系统中，Al^{3+} 吸引 CaO 中 O^{2-} 而减弱 Ca-O 键力，导致高温状态下 Al_2O_3-CaO 形成一铝酸钙相。

表 2.12 为通过 Semi-quantification 法计算得到的配方中各试样中锆酸钙、立方锆酸钙及一铝酸钙晶相的含量。由表 2.12 可知，随氧化铝添加剂加入量增加，试样中锆酸钙相减少，立方锆酸钙和一铝酸钙的晶相含量增加；而且当加入量小于 1.5% 摩尔量时，试样中没有出现一铝酸钙相，而是锆酸钙和立方锆酸钙相，这与少量的氧化铝加入在材料中完全固溶有关。

表 2.12　不同试样的晶相含量（质量分数）　　　　　　　　（%）

结晶相	No. 0	No. 1	No. 2	No. 3	No. 4	No. 5
$CaZrO_3$	97	95	94	92	90	87
$CaZr_4O_9$	3	5	6	6	8	10
$CaAl_2O_4$	—	—	—	2	2	3

2.5.2.3　材料微观结构分析

图 2.20 所示分别为不同氧化铝含量锆酸钙试样放大 200 倍和 1600 倍的微观结构图。图 2.20 中 No.5 试样中 1 点和 2 点的 EDAX 分析结果见表 2.13。从图 2.20 中放大 200 倍的微观结构可以看出，随氧化铝含量增加，锆酸钙材料结构的致密度先增加后降低；当氧化铝加入量达到 3%（质量分数）时，试样最为致密；继续增加氧化铝含量，试样中的封闭气孔反而增加，致密度降低。这说明氧化铝的适量加入有利于提高锆酸钙材料的致密度。从图中放大 1600 倍的微观结构可以看出，随氧化铝加入量增加，试样中锆酸钙相的晶粒发育越来越完整，当氧化铝加入量达到 3%（质量分数）时，No.4 试样最为致密，气孔最少，材料充分烧结；当氧化铝加入量达到 4%（质量分数）时，试样中大气孔反而增加，试样中灰白色的物质经图 2.21 中 No.5 试样 2 点的图能谱鉴定为立方锆酸钙。分析原因是氧化铝加入量达到一定值时，发生了如下反应。

$$3Al_2O_3 + 4CaZrO_3 \Longrightarrow 3CaAl_2O_4 + CaZr_4O_9 \qquad (2.20)$$

因此当氧化铝的加入量较大时，由于上述反应的发生，氧化铝将会引起锆酸钙的分解，不利于锆酸钙材料的合成。

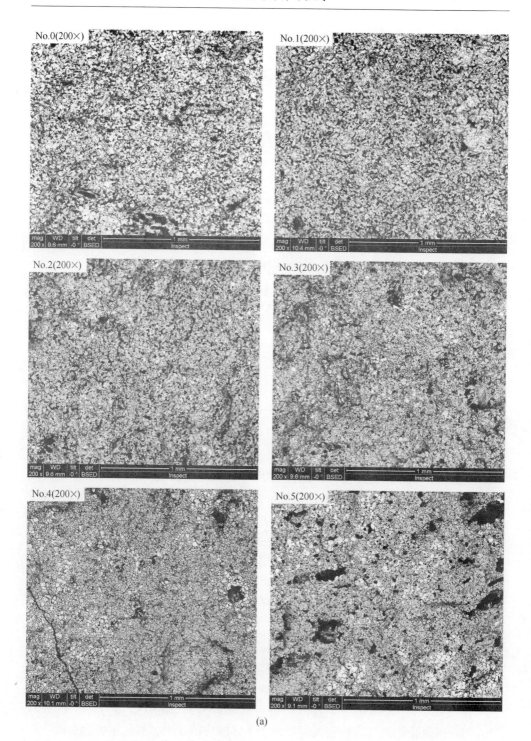

(a)

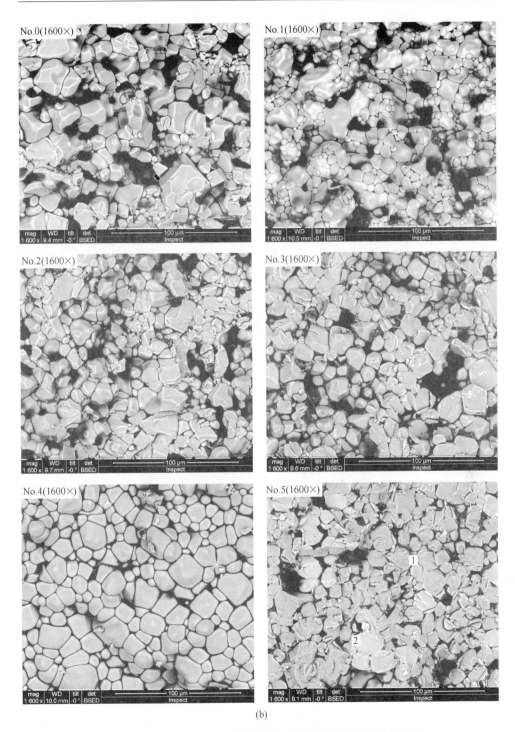

(b)

图 2.20 不同氧化铝加入量试样在不同放大倍数下的微观结构

表 2.13　图 2.20 中 No.5 试样中 1 点和 2 点的 EDAX 分析结果

1点元素	质量分数/%	摩尔分数/%	化合物分数/%	化学式	2点元素	质量分数/%	摩尔分数/%	化合物分数/%	化学式
Al K	0.16	0.21	0.30	Al_2O_3	Al K	2.49	3.23	4.66	Al_2O_3
Ca K	21.02	18.90	29.42	CaO	Ca K	20.80	17.79	28.20	CaO
Zr L	52.03	20.55	70.28	ZrO_2	Zr L	64.75	19.28	67.13	ZrO_2
O	26.79	60.33			O	27.23	59.70		
总量	100.00				总量	100.00			

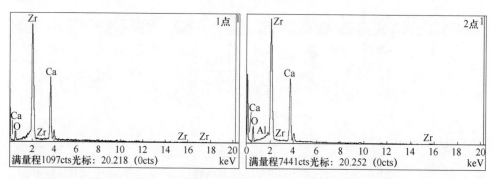

图 2.21　图 2.20 中 No.5 试样中 1 点和 2 点的 EDAX 分析结果

2.5.2.4　材料致密度分析

图 2.22 所示为不同氧化铝加入量与合成锆酸钙材料体积密度和气孔率的关

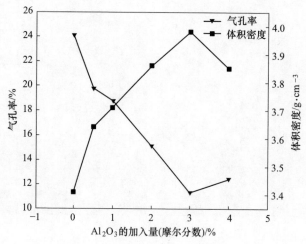

图 2.22　不同氧化铝加入量与合成锆酸钙材料体积密度和气孔率的关系

系图。由图 2.22 可知，随氧化铝加入量增加，各配方试样的体积密度逐渐增大，气孔率减少，当氧化铝加入量达到 3%（摩尔分数）时，体积密度最大，气孔率最低，之后变化恰恰相反。分析认为这种现象主要与材料的烧结性能有关。而材料的烧结性能与材料结构中缺陷数量和液相数量有关，引入添加剂会导致结构中缺陷数量的增加，加快结构中离子的扩散速度，促进材料的烧结行为，同时液相数量的增大也会促进材料的致密程度的增强。在试样配方中添加氧化铝可以促进材料中缺陷的产生，而且加入量越大，缺陷数量越大，烧结作用越好；同时当氧化铝的加入量达到 21%（摩尔分数）以后，由于一铝酸钙（熔点 1600℃）液相的出现，会加强这种烧结作用，但是过量引入会使得材料中的气孔来不及排除，形成大气孔而残留在材料中，反而不利于材料的烧结。

结合图 2.20 不同氧化铝加入量试样的微观结构以及表 2.12 不同试样的晶相含量也可以看出，当氧化铝加入量小于或等于 2.0%（摩尔分数）时，材料的致密化主要是靠引入氧化铝添加剂，使得结构中缺陷数量的增加，促进烧结而致密化，但是这种促进烧结作用比有液相参加的烧结作用弱，因此从微观结构可以看出，材料中含有大量的气孔，材料的致密度仍然较低；当加入量大于 2.0%（摩尔分数）后，由于有新生成的一铝酸钙液相的烧结作用，使得材料中的气孔率进一步减少，在添加剂氧化铝达到 3%（摩尔分数）后，材料的气孔最少，也最致密；添加剂氧化铝达到 4%（摩尔分数）后，大量一铝酸钙液相的生成会使得材料中的气孔来不及排出，因此在微观结构中可以看到材料中形成了较多的封闭气孔，反而不利于材料的致密度。

通过本节分析氧化铝对锆酸钙材料性能的影响可以得出如下结论：氧化铝加入到合成原料中后，当氧化铝的加入量小于 2%（摩尔分数）时，Al^{3+} 在锆酸钙材料中形成置换固溶体，导致锆酸钙材料的晶胞参数和晶包体积减小；当氧化铝的加入量大于 2%（摩尔分数）时，Al^{3+} 也可以同时以间隙离子的形式进入锆酸钙材料中的间隙位置，形成间隙固溶体，导致锆酸钙材料的晶胞参数和晶胞体积增大。适量的氧化铝可以促进锆酸钙的烧结，提高合成锆酸钙的致密度；过多的氧化铝加入会导致锆酸钙材料中铝酸钙相的出现和增加，同时会造成锆酸钙的分解。

2.6 二氧化硅对合成锆酸钙材料性能的影响

2.6.1 实验过程

2.6.1.1 原料

实验所用原料有分析纯碳酸钙、工业纯单斜氧化锆和分析纯二氧化硅微粉。

分析纯碳酸钙和工业纯单斜氧化锆的理化指标见表 2.1。分析纯二氧化硅微粉中 $w(SiO_2) = 99.50\%$，$w(Al_2O_3) = 0.10\%$，中位粒径 $D_{50} = 6.8\mu m$。

2.6.1.2　制备

首先将分析纯碳酸钙和工业纯单斜氧化锆中的碳酸钙和氧化锆按 1∶1 的摩尔比称量总量 320g，其中分析纯碳酸钙 149.5g，工业纯单斜氧化锆 170.5g；然后将配方物料置于 GJ-3 型振动制样机中，强力震动混合 2min，使物料充分混合均匀，然后将物料称量 6 份，每份 50g，编号分别为 No.0、No.1、No.2、No.3、No.4、No.5。其中 No.0 作为基础配方，然后在 No.1~No.5 配方中依次分别外加 0.25%、0.5%、0.75%、1%、1.5% 的二氧化硅（摩尔分数），实验方案见表 2.14。试样的混合、成型及烧成与 2.3.1.2 节试样的制备相同。

表 2.14　不同二氧化硅添加量的实验配方

编　号	No.0	No.1	No.2	No.3	No.4	No.5
二氧化硅摩尔分数/%	0	0.25	0.5	0.75	1	1.5
二氧化硅的质量/g	0	0.034	0.067	0.101	0.135	0.202

2.6.1.3　表征

用 Philips Xpert-MPD 型 X 射线衍射（X-ray diffraction，XRD）仪对烧成后的样品进行物相分析，Cu 靶 $K_{\alpha 1}$ 辐射，电流为 40mA，电压为 40kV，扫描速率为 4°/min。用 X′pert HignScore 软件中的 Semi-quantification 法计算各晶相的含量；用荷兰产 FEI QUATA Inspect 扫描电镜（scanning electron microscope，SEM）观察各样品的微观形貌，微区的成分分析采用牛津仪器 IE350 型能谱仪。用阿基米德排水法检测各配方烧后试样的体积密度和气孔率（介质为柴油，密度为 0.833g/cm³）。分析过程中使用了 X′Pert Plus 软件对 X 射线衍射图进行拟合，计算锆酸钙的晶格参数和晶胞体积。

2.6.2　实验数据分析与处理

2.6.2.1　锆酸钙材料的晶相组成分析

图 2.23 所示为添加不同含量二氧化硅后锆酸钙试样的 XRD 图谱。从 No.0 配方试样的 XRD 图谱可以看出，以碳酸钙和单斜氧化锆为原料经过 1600℃ 烧成可以制备出以锆酸钙相为主晶相的锆酸钙材料，其中还有少量的立方锆酸钙。对比不同二氧化硅加入量的 No.1~No.5 配方试样与 No.0 基础配方的 XRD 图，可以看出，随着反应物中二氧化硅加入量的增加，当二氧化硅的加入量达到 0.5%

（摩尔分数）以上时，锆酸钙材料中开始出现了硅酸二钙（Ca₂SiO₄）相，并且衍射峰呈现增加趋势。

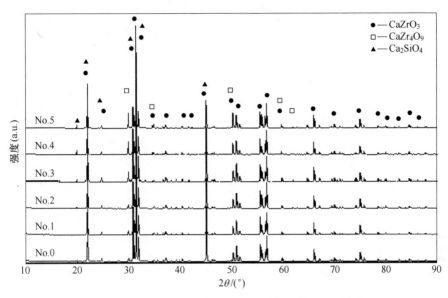

图 2.23 不同二氧化硅加入量的锆酸钙试样 XRD 图谱

2.6.2.2 材料晶格常数分析

当二氧化硅加入到合成锆酸钙材料中时会形成间隙固溶体，而间隙固溶体的形成会增大锆酸钙材料的晶格常数，同时锆酸钙材料的晶格常数可以通过式（2.19）进行计算。表2.15为No.0~No.5锆酸钙试样中锆酸钙相通过式（2.19）计算得到的锆酸钙的晶格常数和晶胞体积。从表2.15中可以看出，二氧化硅的加入对锆酸钙材料的晶型结构没有产生影响，锆酸钙材料仍然保持着原来的正交晶系、$Pcmn$ 空间群结构，而锆酸钙相晶格常数和晶胞体积相对于没有加入二氧化硅的锆酸钙材料的晶格常数和晶胞体积出现了增加；但是当二氧化硅的加入量大于0.25%（摩尔分数）时，No.2~No.5试样中锆酸钙晶胞常数和晶胞体积随着二氧化硅加入量的增加几乎没有变化。出现这种现象的原因是加入二氧化硅对锆酸钙产生了间隙固溶作用，当 Si^{4+} 占据材料中的间隙位置时，对锆酸钙晶胞常数和晶胞体积产生了增大的影响。在式（2.21）中形成的带正电的 $Si_i^{...}$ 和 O_i'' 间隙离子将直接导致锆酸钙晶胞常数和晶胞体积的增大，而后随着二氧化硅加入量的增加，锆酸钙材料的晶胞参数变化不大，主要原因是 O_i 间隙离子的半径较大（$r_{O^{2+}} = 0.132nm$），很难进入锆酸钙材料中的间隙位置，所以造成二氧化硅在锆酸钙材料中的固溶量很小；因此此后即使增加二氧化硅的加入量，锆酸钙材料的晶格常数和晶胞体积也几乎不发生变化，可见二氧化硅在锆酸钙材料中的固溶量很小。

$$SiO_2 \xrightarrow{CaZrO_3} Si_i^{\cdots}$$ （2.21）

表 2.15　锆酸钙相的晶格常数和晶胞体积

试样编号	a/nm	b/nm	c/nm	$\alpha=\beta=\gamma$/(°)	晶包体积/nm³	晶系
No. 0	0.55883	0.57609	0.80134	90	0.25798	Orthorhombic
No. 1	0.55903	0.57625	0.80150	90	0.25820	Orthorhombic
No. 2	0.55902	0.57624	0.80151	90	0.25819	Orthorhombic
No. 3	0.55902	0.57625	0.80150	90	0.25819	Orthorhombic
No. 4	0.55903	0.57623	0.80151	90	0.25819	Orthorhombic
No. 5	0.55903	0.57624	0.80151	90	0.25819	Orthorhombic

　　另外，同在六配位的情况下，Si^{4+} 及锆酸钙结构中 Zr^{4+} 和 Ca^{2+} 的电场强度分别为 25、7.716 和 1.780。从各离子电场强度关系可以看出，Si^{4+} 的电场强度远高于 Ca^{2+} 的电场强度。在组成 $CaO-ZrO_2-SiO_2$ 系统中，Si^{4+} 会吸引氧化钙中 O^{2-} 而减弱 Ca—O 的键力，导致高温状态下 $CaO-SiO_2$ 形成硅酸二钙相。

　　表 2.16 为通过 Semi-quantification 法计算得到的配方中各试样中的锆酸钙、立方锆酸钙（$CaZr_4O_9$）和硅酸二钙含量。

表 2.16　不同试样晶相的含量（质量分数）　　　　　　（%）

结晶相	No. 0	No. 1	No. 2	No. 3	No. 4	No. 5
$CaZrO_3$	93	93	91	88	84	72
$CaZr_4O_9$	7	7	7	8	10	15
Ca_2SiO_4	—	—	3	4	6	13

　　从表 2.16 可以看出，随着二氧化硅添加剂加入量的增加，试样中锆酸钙相减少，而立方锆酸钙和硅酸二钙的晶相含量逐步增加；当二氧化硅的加入量小于 0.5%（摩尔分数）时，试样中没有出现硅酸二钙，只有锆酸钙和立方锆酸钙，这应该与少量的二氧化硅加入锆酸钙材料中完全固溶有关；但是当二氧化硅的加入量超过 0.25%（摩尔分数）后就出现了较多的硅酸二钙相，而且二氧化硅的加入量增加，硅酸二钙相和立方锆酸钙相也增加，而锆酸钙相则相应减少，这说明二氧化硅的加入量超过 0.5%（摩尔分数）后会促进锆酸钙材料的分解。

2.6.2.3　材料微观结构分析

　　图 2.24 所示分别为不同二氧化硅含量的锆酸钙试样放大 200 倍和 2000 倍的微观结构图。从图 2.24 中放大 200 倍的微观结构可以看出，随着二氧化硅含量

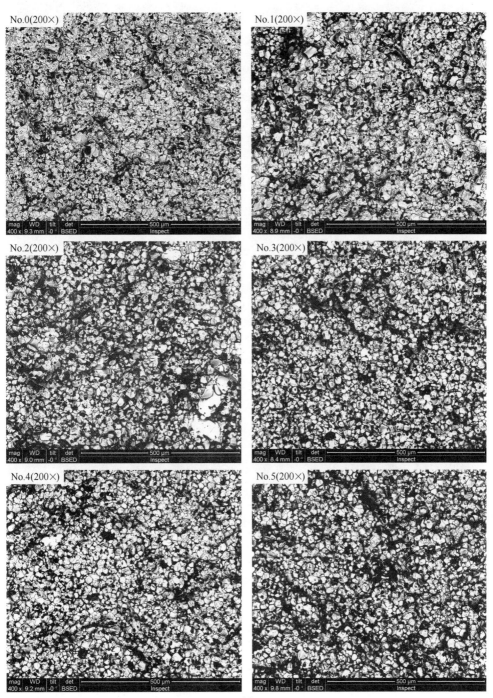

(a)

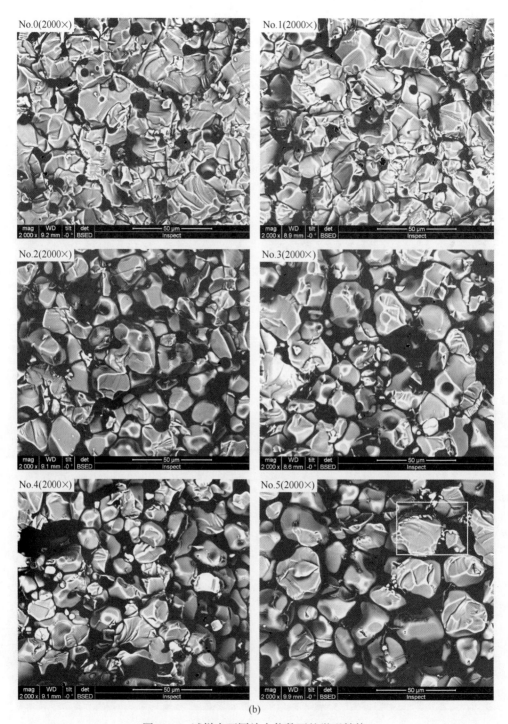

(b)

图 2.24　试样在不同放大倍数下的微观结构

的增加，锆酸钙材料结构的致密程度出现了先增加后降低的趋势；当二氧化硅的加入量达到 0.5%（摩尔分数）时，试样最为致密；继续增加二氧化硅的含量，试样中的封闭气孔反而增加，致密度反而降低。说明二氧化硅的加入有利于提高锆酸钙材料的致密度，但加入量不宜过大。从图 2.24 中放大 2000 倍的微观结构可以看出，随着二氧化硅加入量的增加，试样中的锆酸钙相的晶粒发育越来越完整，当二氧化硅的加入达到 0.5%（摩尔分数）时，No. 3 试样的最为致密，气孔最少；当二氧化硅的加入达到 1.5%（摩尔分数）时，可以看到在锆酸钙晶粒的表面有一层亮白色的物质析出，经放大 5000 倍后的能谱分析结果见表 2.17 和图 2.25。从能谱分析的结果和表 2.16 不同试样晶相含量的分析结果判别为硅酸二钙和立方锆酸钙的共熔物，可能的原因是二氧化硅的加入量较多时，材料中难以固溶这些二氧化硅，多余的二氧化硅会在锆酸钙颗粒的表面与锆酸钙发生如下反应。

$$3SiO_2 + 8CaZrO_3 = 3Ca_2SiO_4 + 2CaZr_4O_9 \qquad (2.22)$$

因此当二氧化硅的加入量较大时，由于上述反应的发生，二氧化硅将会引起锆酸钙的分解，不利于锆酸钙的合成。

表 2.17　No. 5 试样中 1 点的 EDAX 分析结果

元素	质量分数/%	摩尔分数/%	化合物分数/%	化学式
Si K	1.38	1.84	2.96	SiO_2
Ca K	10.42	9.72	14.58	CaO
Zr L	61.04	25.01	82.46	ZrO_2
O	27.15	63.43		
总量		100.00		

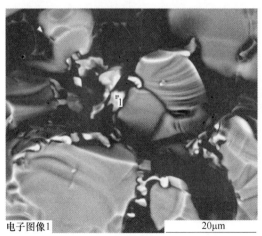
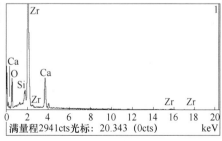

图 2.25　No. 5 试样 1 点的微观结构（左）和能谱分析（右）

2.6.2.4　材料致密度分析

图 2.26 所示为不同二氧化硅加入量与合成锆酸钙材料体积密度和气孔率的关系图。从图中可以看出，随着二氧化硅加入量的增加，各配方试样的体积密度逐渐增大，气孔率减少，当二氧化硅加入量达到 0.5%（摩尔分数）时，体积密度最大，气孔率最低，然后出现相反的变化。分析认为这种现象主要与材料的烧结性能有关，而材料的烧结性能与材料结构有关。引入二氧化硅添加剂虽然会在材料中产生相应的间隙离子缺陷，导致材料的晶格发生畸变，加快结构中离子的扩散速度，促进材料的烧结行为，但是液相数量增大也促进了材料的致密程度的增强。在试样配方中添加二氧化硅可以促进材料中缺陷的产生，而且加入量越大，缺陷数量越大，烧结作用越好；同时当二氧化硅的加入量达到 0.5%（摩尔分数）以后，由于硅酸二钙新相的出现，会和立方锆酸钙形成一种低熔点的物质，促进材料的烧结，使锆酸钙材料进一步致密化；液相的生成也会使得材料中的颗粒之间存在的气体来不及排除，形成封闭气孔而残留在材料中，反而不利于材料的致密化，所以出现了当二氧化硅的加入量超过 0.5%（摩尔分数）以后致密度降低的现象。

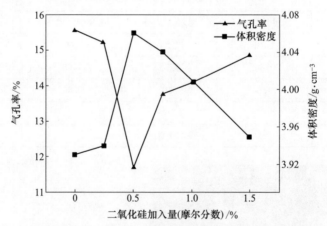

图 2.26　不同 SiO_2 加入量与合成锆酸钙材料体积密度和气孔率的关系

本节通过分析二氧化硅对锆酸钙材料性能的影响可以得出如下结论：二氧化硅加入到合成材料中后，硅离子以间隙离子的形式进入材料中的间隙位置，由于氧离子半径较大，很难进入间隙位置，使得二氧化硅的固溶量较小；适量二氧化硅可以促进锆酸钙的烧结，提高锆酸钙的致密度。当二氧化硅的加入量小于或等于 0.25%（摩尔分数）时，锆酸钙主晶相的晶胞参数和晶胞体积随二氧化硅的加入而增大；但是当二氧化硅的加入量超过 0.25%（摩尔分数）后，晶胞参数和晶胞体积变化不大。

2.7　氧化锶对合成锆酸钙材料性能的影响

2.7.1　实验过程

2.7.1.1　原料

本实验所用原料为分析纯碳酸钙、工业纯单斜二氧化锆以及分析纯氧化锶，分析纯碳酸钙和工业纯单斜氧化锆的理化指标见表2.1。

2.7.1.2　制备

将 $CaCO_3$ 和 ZrO_2 以摩尔比 1:1 称量，将粉体放入 XQM-2 型行星球磨机中以无水乙醇为介质湿法球磨 12h，将 SrO（质量分数）分别以 0%、1%、2%、4% 加入 $CaCO_3$ 和 ZrO_2 混合粉体。混合粉体在 60℃ 下烘干，通过 200 目试验筛，分别标记为 0 号、1 号、2 号和 3 号。对物料进行干法成型，成型压力为 4MPa，试样规格为 $\phi20mm\times3mm$，然后将试样进行 200MPa 保压 30s 冷等静压操作，最后将试样在 1600℃ 下保温 3h 烧成，随炉自然冷却后待用。同时，原料与添加剂湿法混合均匀后按摩尔比 $SrO:CaCO_3:ZrO_2=1.0:1.0:2.0$ 称量，利用热分析仪在空气中进行了混合粉末的差示扫描量热分析和热重分析，升温速度为 10℃/min，观察烧结温度范围内的反应以及烧结过程。

2.7.1.3　表征

利用阿基米德排水法测量试样致密度；利用三点抗弯法测量试样的常温抗弯强度，每组试样测量 3 个，取平均值；利用一次液氮急冷处理分析其抗热冲击性；利用 Philips Xpert-MPD 型 X 射线衍射仪对烧后的样品进行物相分析（$CuK_{\alpha1}$ 辐射，电压：40V，电流：40mA，步长 0.013°，扫描范围 10°~90°）；通过场发射扫描电子显微镜（Zeiss ΣIGMA，德国）观察产物的显微结构，观察的内容包含晶粒尺寸、样品表面和裂纹扩展。

2.7.2　实验数据分析与处理

2.7.2.1　合成过程中的差热分析

图 2.27 所示为 $CaCO_3$、SrO、ZrO_2 的混合粉料从室温~1450℃ 的 TG-DSC 曲线。为了确定加热过程中可能的反应和反应顺序，将混合粉末在吸热或放热峰的临界温度下保持 3h。从图 2.28 中 3 个选定吸热峰的临界温度的 XRD 图谱可以观察到如下现象：在图 2.28（a）中观察到少量的 $SrZrO_3$ 和 $SrCO_3$；随后，$SrZrO_3$

的衍射峰愈加尖锐，仅是晶粒的进一步生长；同时，随着温度升高至950℃，图谱中出现少量 CaZrO$_3$ 和未反应的 CaO 和 ZrO$_2$（图 2.28(b)）。随着温度进一步升高至1150℃（图 2.28(c)），XRD 图谱中相组成已经非常简单，只有 SrZrO$_3$、CaZrO$_3$ 和（Ca$_{0.612}$Sr$_{0.388}$）ZrO$_3$ 相。

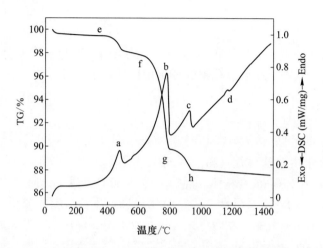

图 2.27　均匀混合的 CaCO$_3$、SrO、ZrO$_2$ 粉料 TG-DSC 曲线分析

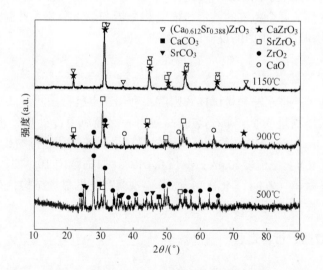

图 2.28　混合粉体在不同温度下的 XRD 图谱

　　结合图 2.27 的 TG-DSC 曲线，可以推断 SrO 在湿法球磨和过滤过程中可能存在水化和吸潮现象。因此，混合粉体中可能出现 Sr(OH)$_2$ 和 SrCO$_3$。在 DSC 曲线 350~500℃ 温度范围内的吸热峰（图 2.27a）就与 Sr(OH)$_2$ 的熔融有关，同时在 TG 曲线（图 2.27e、f）与之对应出现失重现象。当温度升高至 600~800℃

时，DSC 曲线出现一个强烈的吸热峰（图 2.27b）伴随着 TG 曲线的突降（图 2.27f、g）与 $CaCO_3$ 的分解有关。当温度继续升高至 800~950℃时，吸热峰（图 2.27c）和失重现象（图 2.27g、h）的出现则是因为 $SrCO_3$ 的分解。存在一个小的放热峰（图 2.27d）但并未伴随有失重现象，认为是固相反应合成 $CaZrO_3$ 或者可能出现晶型转变。

2.7.2.2　相组成分析

图 2.29 所示为不同 SrO 添加量下 $CaZrO_3$ 试样在 1600℃烧结后的衍射图谱。由图可知，在 SrO 添加量为 0 时，0 号试样中的 $CaZrO_3$ 相衍射峰与标准卡片 $CaZrO_3$（PDF#76-2401，斜方晶系）基本吻合，说明通过固相反应在 1600℃下利用 ZrO_2 和 $CaCO_3$ 可制备出以 $CaZrO_3$ 为主晶相的 $CaZrO_3$ 材料。随着 SrO 添加量的增加，可以观察到，衍射图谱中不仅出现了目标产物斜方晶系 $CaZrO_3$（o-$CaZrO_3$），也出现了稳定的立方晶系 $CaZrO_3$（c-$CaZrO_3$）和固溶体相（$Ca_{0.612}Sr_{0.388}$）ZrO_3。结合图 2.27 和图 2.28 综合热分析结果，认为固溶体相是能够稳定存在的，且主晶相存在晶型转变；同时，可以判断在 $CaCO_3$ 尚未分解时 SrO 就已经优先与 ZrO_2 反应生成 $SrZrO_3$，当 $CaCO_3$ 分解后 $CaZrO_3$ 才由 CaO 与 ZrO_2 反应生成。换句话说，$SrZrO_3$ 与 $CaZrO_3$ 共存，且出现了互扩散。因为两者

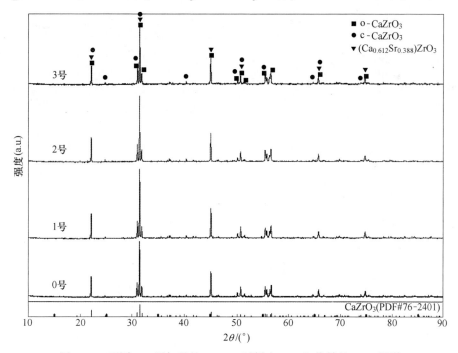

图 2.29　不同 SrO 添加量的 $CaZrO_3$ 试样在 1600℃烧结的 XRD 图谱

的晶体结构同为 ABO_3 型钙钛矿结构，且此时 Sr^{2+} 和 Ca^{2+} 的配位数同为 12，并且在公开的文献中提及当 Sr^{2+} 和 Ca^{2+} 的配位数相同时，其离子半径分别为 0.113nm 和 0.100nm。计算其离子半径差 $\Delta r = 13\% < 15\%$，根据固溶体形成条件判断，此时两者形成连续固溶体。

2.7.2.3　显微结构分析

图 2.30 所示为烧后试样表面的 SEM 照片。从图中可以观察到，当 SrO 添加量为 0 时，试样中晶粒大小与其他 3 个试样相比相对较大且存在较多显气孔。随着 SrO 添加量的不断增加，试样的显气孔逐渐减少且大多分布在晶粒边界。当 SrO 添加量达到 2%（质量分数）时（图 2.30（c）），试样中的显气孔已经基本消失，晶粒间的结合也相当的紧密，晶粒生长大小渐趋一致。从图中可以观察到晶粒尺寸逐渐减小呈现细晶化趋势。根据 Cobel 烧结理论，烧结中后期晶粒长大不再是小晶粒的相互粘接，而是晶界移动的结果，控制晶粒的生长就需要避免或者抑制晶界迁移效果，同时强化诸如晶界扩散和晶格扩散等致密化机制。可以观察到试样的致密化和试样中晶粒细化与图 2.31 中的灰白色细颗粒有关。它们主

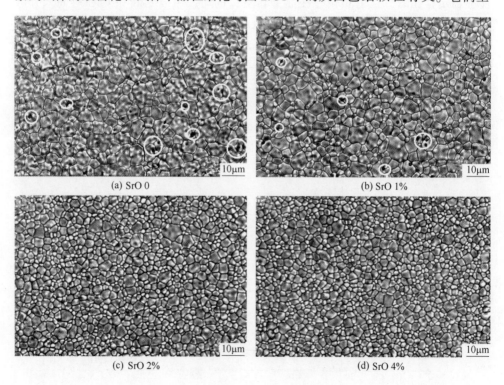

(a) SrO 0　　　　　　　　　　　　　　　(b) SrO 1%

(c) SrO 2%　　　　　　　　　　　　　　(d) SrO 4%

图 2.30　不同 SrO（质量分数）添加量烧后 $CaZrO_3$ 试样显微结构的影响

要存在于大晶粒的边界，对晶界的移动具有一定的阻碍作用，在高温烧结中一定程度上抑制了晶粒的生长。为了鉴定灰白色细晶粒的组成，对 3 号样品的 1 点和 2 点进行 EDS 能谱分析，其 SrO 的添加量为 4%（质量分数）。

图 2.31 所示为 SrO 添加量为 4%（质量分数）的 CaZrO$_3$ 试样的扫描电镜照片。EDS 能谱分析结果如图 2.32 所示。值得注意的是，从 1 点和 2 点几乎只能观察到［Ca］、［Zr］、［O］和［Sr］元素；而且，从能谱元素的分析可以明显看出，小颗粒中［Sr］元素的含量是大颗粒中的 2 倍。在显微学中认为，在扫描电镜下亮度不同的两种晶粒可视其为两相，可以清晰地观察到，小晶粒呈高亮度的灰白色、含量较少且主要处于晶粒边界，而大晶粒亮度相对灰暗、含量众多，对于材料整体来说为主晶相。因此，分析认为小晶粒为上述 XRD、SEM 中所检测和观察到的连续固溶体（（Ca$_{0.612}$Sr$_{0.388}$）ZrO$_3$）。

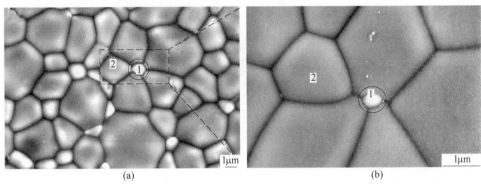

图 2.31 SrO 添加量为 4%（质量分数）的烧后 CaZrO$_3$ 样品的 SEM-EDS 分析

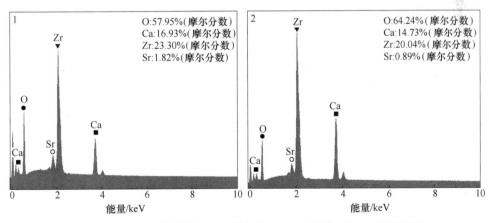

图 2.32 4%（质量分数）SrO 添加量 CaZrO$_3$ 试样 1 点、2 点能谱图

图 2.33 所示为不同 SrO 添加量的 CaZrO$_3$ 试样的晶粒尺寸分布。当 SrO 添加量为 0 时，晶粒的尺寸大多集中分布在 4.8～5.6μm 范围内，约占总量的 20%。

随着 SrO 添加量的增加，晶粒集中分布的尺寸范围在逐渐减小。当 SrO 添加量达到 4%（质量分数）时，集中分布的尺寸范围已经减小至 1.6～2.4μm，约占 30.3%。结果显示，随着 SrO 添加量的增加，晶粒的尺寸在逐步减小，平均晶粒尺寸由 5.09μm 减小至 3.05μm。所示结果与观察分析所得的细晶化趋势相一致，证明了细晶化的可靠性。

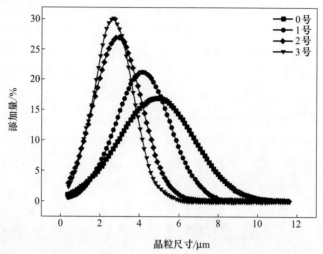

图 2.33　不同 SrO 添加量（质量分数）CaZrO$_3$ 试样的晶粒尺寸分布

(SrO：0(0 号)，SrO 1%(1 号)，SrO 2%(2 号)，SrO 4%(3 号))

2.7.2.4　烧结性能分析

图 2.34 所示为 SrO 添加量对 CaZrO$_3$ 烧后线变化率和相对密度的影响趋势。从图 2.34 中可以看出，试样的线变化率随着 SrO 添加量的增加逐渐增大且在 SrO 添加量增加至 4%（质量分数）时达到线变化率最大值 26.13%。从试样的相对

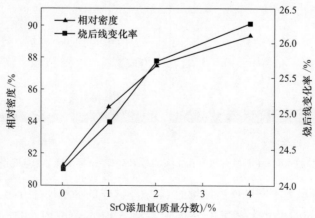

图 2.34　SrO 添加量对 CaZrO$_3$ 相对密度和线变化率的影响

密度来看，在不添加 SrO 时很难实现致密化。随着 SrO 添加量从 0 增加至 4%（质量分数），相对密度从 81.03% 增加至 90.13%。这说明在高温固相反应过程中，SEM 和 XRD 中观察和检测到的连续固溶体（$(Ca_{0.612}Sr_{0.388})ZrO_3$）有助于烧结的进行。连续固溶体的形成，使晶格出现畸变并活化晶格，加速离子的扩散。在固相烧结中，对物质传递起主要作用的机制就是扩散机理，加速物质传递能进一步提升材料的烧结速率，使材料致密化得到改善。

2.7.2.5 抗热震性能分析

图 2.35 所示为 SrO 添加量对 $CaZrO_3$ 常温抗弯强度的影响趋势。图 2.35 表明，SrO 的添加对试样的常温抗弯强度有显著的提高，常温抗弯强度由未添加 SrO 的 81.65MPa 增加至添加 4%（质量分数）添加量 SrO 时的 252.85MPa。材料的断裂强度主要受两个因素影响：一个是晶粒尺寸，另一个是气孔率。随着 SrO 添加量的增加，图 2.36 可以明显看出，气孔率逐渐降低，致密度提高，同时晶粒的细化也利于提高材料的抗弯强度，据 Hall-Petch 公式可知：

$$\sigma = \sigma_0 + Kd^{-0.5}$$

式中　σ_0，K ——材料的属性；

　　　d ——晶粒尺寸；

　　　σ ——实际强度，实际强度与晶粒尺寸呈现反比关系。

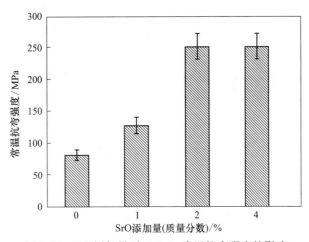

图 2.35　SrO 添加量对 $CaZrO_3$ 常温抗弯强度的影响

图 2.36 所示为 SrO 添加量对烧后的 $CaZrO_3$ 试样一次液氮急冷处理后裂纹扩展照片。可以观察到，未添加 SrO 的 $CaZrO_3$ 0 号试样，经一次液氮急冷处理后，出现了粗大裂纹，裂纹宽度达到 3.908μm，因此表明了该试样抗热冲击能力较差。随着 SrO 的添加，1 号试样并未出现宽大的裂纹，观察裂纹尖端发现其延晶

界扩展。1 号试样、2 号试样和 3 号试样裂纹相比于 0 号试样已经细小很多。在 1
号和 2 号试样裂纹扩展过程中，处于晶粒间的连续固溶体对裂纹的扩展起到了阻
碍作用，使裂纹出现偏转现象，且在 3 号试样中出现明显的穿晶裂纹并使裂纹扩
展终止。裂纹在扩展中发生偏转会使裂纹在试样中经过更长的路径，使主裂纹的
尖端能量分散，并限制裂纹的扩展从而达到消耗热冲击能量的作用。穿晶裂纹的
出现同样能够消耗能量，迫使裂纹偏转或者终止，在两种行为的共同作用下试样
的抗热冲击能力得到改善，热震稳定性增强。

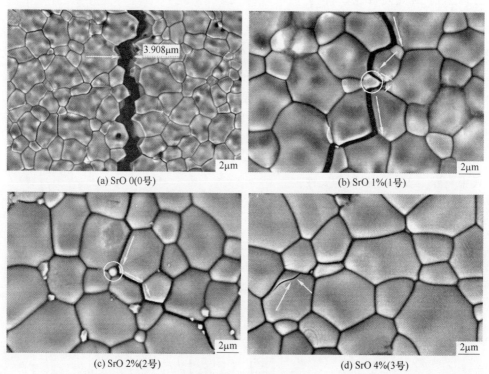

(a) SrO 0(0号)　　　(b) SrO 1%(1号)

(c) SrO 2%(2号)　　　(d) SrO 4%(3号)

图 2.36　不同 SrO（质量分数）添加量对烧后的 $CaZrO_3$ 试样一次液氮急冷下裂纹扩展 SEM 照片

本节通过研究 SrO 对 $CaZrO_3$ 材料性能的影响，得出如下结论：SrO 加入后先
与 ZrO_2 反应生成 $SrZrO_3$，随后生成的 $CaZrO_3$ 成为主晶相时与 $SrZrO_3$ 形成连续固
溶体，促进离子扩散，加速物质传递，材料的烧结性能得到了提高，相对密度和
线收缩率在 SrO 含量为 4% 时达到最大值，分别为 90.13% 和 26.13%。生成的固
溶体存在于晶界间，在较窄的范围内抑制了晶粒生长，从而使晶粒细化，材料的
强度由于细晶强化作用得到提高，最大值达到 252.85MPa。经过一次液氮急冷观
察裂纹扩展得知，随着 SrO 的加入，试样的裂纹逐渐细小，同时因固溶体的阻止
以及材料强度的提升，裂纹出现偏转，延长了裂纹的路径，同时出现了穿晶裂纹，
两者共同作用分散及消耗了裂纹尖端的能量，使材料的热震稳定性得到了提高。

2.8 氧化镁对合成锆酸钙材料性能的影响

2.8.1 实验过程

2.8.1.1 原料

实验所用原料有分析纯碳酸钙、工业纯单斜氧化锆和分析纯氧化镁。

2.8.1.2 制备

首先将分析纯碳酸钙和工业纯单斜氧化锆中的碳酸钙和氧化锆按摩尔比1:1等重称量4份，其中氧化镁添加量分别按照质量分数的0、2%、4%、8%添加。以乙醇为研磨介质，将配方物料通过行星球磨机研磨混合12h。将混合后的料浆置于烘箱，温度为60℃烘干12h。将烘干后的料浆研磨并过80目筛。将粉料通过干压法成型并经过冷等静压工艺（200MPa）进一步提高素坯密度。素坯经过1600℃保温3h进行烧成。

2.8.1.3 表征

利用Philips Xpert-MPD型X射线衍射仪对烧后的样品进行物相分析（$CuK_{\alpha 1}$辐射，管压：40V，管流：40mA，步长0.013°，扫描范围10°~90°）；利用德国ZEISS的∑IGMAHD场发射高分辨扫描电镜观察热震前后试样的微观结构。选取200个锆酸钙晶粒通过截距法测量其晶粒尺寸，研究氧化镁对锆酸钙晶粒尺寸的影响。

材料抗热冲击性能的研究：试样在马弗炉中加热至1100℃并且保温30min，之后迅速取出并通过水冷法快速冷却至室温，通过三点弯曲法测量热震前后试样的力学性能。

2.8.2 实验数据分析与处理

2.8.2.1 材料晶相组成及晶格常数分析

图2.37（a）所示为添加不同含量氧化镁的锆酸钙试样的XRD图谱。由图可知，当氧化镁含量为0时，试样中只存在$CaZrO_3$（PDF#76-2401）。当氧化镁含量（质量分数）增加2%时，试样中出现氧化镁峰。与此同时，锆酸钙在$2\theta=31.522°$的特征峰的半高宽从0.0895增加到0.1791。根据下式可以判断出特征峰的变宽意味着晶粒的减小：

$$D = \frac{K\lambda}{\beta cos\theta}$$

式中　K——Scherrer 常数；

　　　β——衍射峰的半高宽；

　　　θ——角度；

　　　λ——X 射线波长。

图 2.37（b）所示为烧后试样的 XRD 微区图谱。由图可知，特征峰（101）并没有明显的移动，这表明随着氧化镁含量的增加在材料中并没有形成固溶体。为了探究氧化镁对锆酸钙晶格常数的影响，通过下式计算锆酸钙的晶格常数：

$$\frac{1}{d_{hkl}^2} = \left(\frac{h}{a}\right)^2 + \left(\frac{k}{b}\right)^2 + \left(\frac{l}{c}\right)^2$$

式中　d_{hkl}——晶面间距；

　　h，k，l——晶面指数；

　　a，b，c——晶格常数。

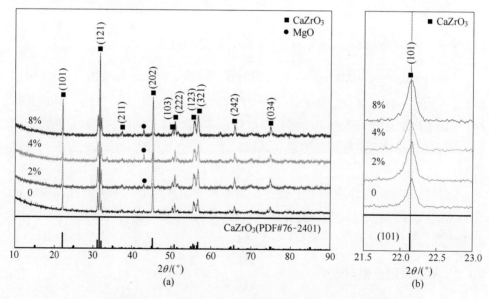

图 2.37　不同氧化镁加入量的锆酸钙试样 XRD 图谱

图 2.38 所示为氧化镁对锆酸钙晶格常数和晶胞体积的影响。由图可知，锆酸钙晶胞参数变化趋势不明显，晶胞体积变化趋于平稳。这表明，氧化镁并没有固溶进入锆酸钙晶胞内部。众所周知，在 $CaZrO_3$ 晶胞中，Ca^{2+} 和 O^{2-} 按照立方堆积排列，Ca^{2+} 离子在立方顶角，O^{2-} 离子在 6 个面的面心，Zr^{4+} 离子位于 6 个 O^{2-} 离子构成的八面体空隙。氧化镁属于面心立方，Mg^{2+} 位于 O^{2-} 离子构成的八面体

空隙中。因为两者晶体结构具有差异，而且 Mg^{2+} 离子半径为 0.072nm，$\Delta r =$ $\dfrac{r_{Ca^{2+}} - r_{Mg^{2+}}}{r_{Ca^{2+}}} = \dfrac{0.100 - 0.072}{0.100} = 28\% > 15\%$，半径差越大，晶格畸变越大，畸变能越大，结构稳定性越差，不利于固溶体的形成。

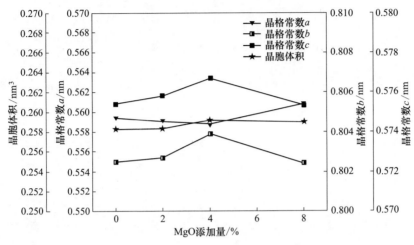

图 2.38 锆酸钙相的晶格常数和晶胞体积

2.8.2.2 材料微观结构分析

图 2.39 所示为 1600℃ 烧后，不同氧化镁含量下锆酸钙的微观形貌。由图可知，随着氧化镁含量的增加，锆酸钙晶粒尺寸逐渐减小。这表明氧化镁对锆酸钙晶粒的生长具有抑制作用。根据烧结理论可知，烧结后期晶粒生长的主要机理为晶界迁移。根据 XRD 判断，掺杂氧化镁后材料中并没有形成固溶体，氧化镁主要分布于锆酸钙晶界上。在高温烧结过程中，存在于晶界的氧化镁抑制了锆酸钙晶粒的生长。同时，细化晶粒可以提高材料的力学性能。

图 2.40 所示为不同氧化镁含量下锆酸钙的晶粒尺寸分布。可以看出随着氧化镁含量的增加，锆酸钙晶粒尺寸逐渐降低。当氧化镁含量为 0 时，尺寸在 2~4μm 的晶粒占据总数的 48.89%。当氧化镁增加至 8%（质量分数）时，该尺寸范围的晶粒只有总数的 16.52%。这表明氧化镁可以有效抑制锆酸钙晶粒的生长，这与 XRD 分析结果相一致。

图 2.41 所示为当锆酸钙中氧化镁含量为 2%（质量分数）时的微观结构和 EDS。由图可知标点物质为氧化镁。图 2.42 所示为含有氧化镁的锆酸钙试样中穿过锆酸钙和氧化镁的 EDS 线扫。由图 2.42（b）可知，Ca 和 Zr 浓度在 $CaZrO_3$ 和 MgO 晶粒表面附近呈下降趋势，Mg 浓度呈上升趋势。这表明在界面上不存在扩散现象。

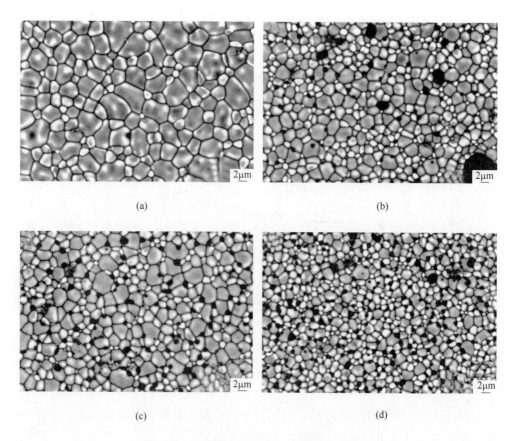

图 2.39　不同氧化镁含量下锆酸钙微观形貌

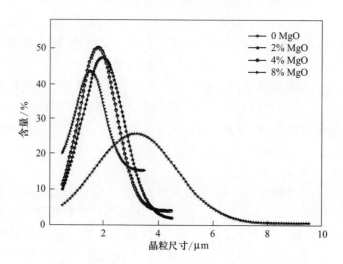

图 2.40　不同氧化镁含量下锆酸钙的晶粒尺寸分布

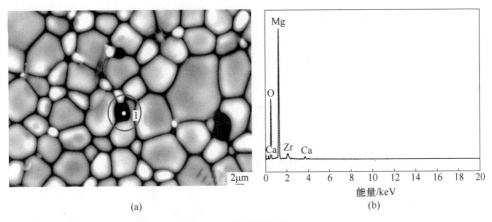

图 2.41 微观结构及 EDS

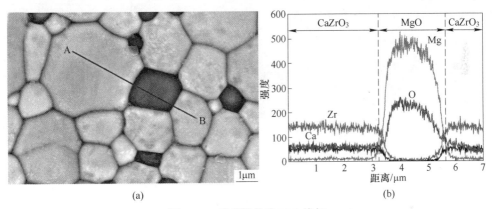

图 2.42 微观结构及 EDS 线扫

2.8.2.3 氧化镁对锆酸钙热震稳定性的影响

图 2.43 所示为热震后材料表面的微观形貌。由图 2.43 (a) 可知, 当氧化镁含量为 0 时, 裂纹主要为延晶扩展。当掺杂氧化镁后, 分布于锆酸钙晶界上的氧化镁对裂纹的扩展起到了偏转和桥连 (图 2.43 (b)、(c)) 作用, 增加了裂纹扩展的路径, 提高了裂纹扩展过程中需要克服的阻力。

图 2.44 所示为不同氧化镁含量下材料热震前后的力学性能。由图可知, 在热震前, 随着氧化镁含量的增加, 由于锆酸钙晶粒细化, 材料的力学性能逐渐增加, 并在氧化镁含量达到 8% (摩尔分数) 时达到最大值 221.62MPa。根据下式, 晶粒细化对于材料的力学性能提升具有显著的效果:

$$\sigma = \sigma_0 + Kd^{-0.5}$$

式中 σ_0, K——常数;

d——晶粒尺寸。

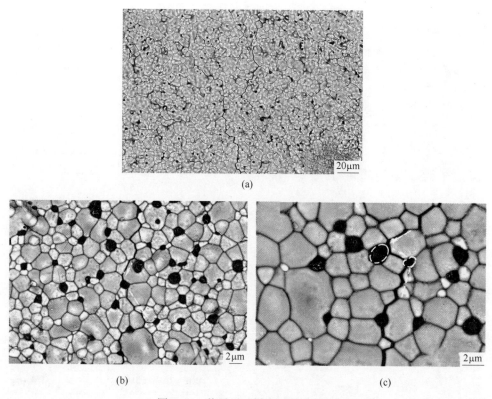

图 2.43　热震后试样表面微观形貌

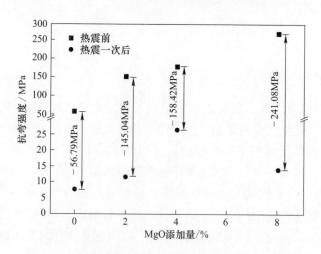

图 2.44　不同氧化镁含量下材料热震前后的力学性能

可以看出，降低晶粒尺寸可以提高材料的力学性能。与此同时，由于裂纹的偏转和桥连也提高了材料的力学性能。

当氧化镁含量为 8%（质量分数）时，热震一次后，材料的力学性能突然下降。氧化镁含量（摩尔分数）为 0、2%、4%、8%时试样的强度下降值分别为 56.79MPa、145.04MPa、158.42MPa 和 241.08MPa。当氧化镁含量为 4%（摩尔分数）时，材料的强度为 26.94MPa。根据相关的抗热冲击因子判断，在未损坏的材料中，当拉伸或弯曲强度等于最大的允许热诱导应力时就可以使材料得到破坏。其中抗热冲击因子 R 和 R' 可用下式表示：

$$R = \frac{\sigma_f(1-\nu)}{E\alpha}$$

$$R' = \frac{\sigma_f(1-\nu)k}{E\alpha}$$

式中　σ_f——弯曲强度；

　　　E——杨氏模量；

　　　α——热膨胀系数；

　　　ν——泊松比；

　　　k——热导率。

通过公式可以看出，高强度可以获得良好的热冲击性能。根据热震前材料的力学性能可以看出，随着氧化镁含量的增加，材料的热震稳定性增加。然而，由于氧化镁和锆酸钙两者之间具有不同的热膨胀系数，在热震过程中在材料内部产生微裂纹，因此微裂纹的存在也在一定程度上缓解了热应力。然而，当氧化镁含量增加为 8%（质量分数）时，过量的微裂纹将降低材料的力学性能，从而影响材料的热震稳定性。

本节通过分析氧化镁对锆酸钙材料性能的影响，可以得出如下结论：掺杂的氧化镁难以与锆酸钙形成固溶体而分布于锆酸钙晶界上，抑制了锆酸钙晶粒的生长，细化了锆酸钙晶粒，提高了材料的力学性能；随着氧化镁含量的增加，材料的抗热冲击性能增加。掺杂适量的氧化镁可以在材料中引入微裂纹而减缓热应力。当氧化镁添加量为 4%（质量分数）时，材料的热冲击性能最佳。

2.9　氧化钛对合成锆酸钙材料性能的影响

2.9.1　实验过程

2.9.1.1　原料

氧化锆（99.0%，AR）和碳酸钙（99.0%，AR）购于国药集团化学试剂有限公司，氧化钛（99.0%，AR）购于阿拉丁试剂。

2.9.1.2 制备

CaCO₃ 和 ZrO₂ 按摩尔比 1∶1 称量，分别加入质量分数为 0、1%、2%、4% 的氧化钛，混合后的粉料放入 XQM-2 型行星球磨机中并以酒精为研磨介质进行湿法球磨 24h。获得的料浆在 60℃下烘干 12h。对物料进行干法成型，成型压力为 4MPa，成型试样直径 $\phi = 20mm$，高度约为 5mm。对试样进行等静压（压力为 200MPa），并将试样在 1600℃烧结并保温 3h，自然冷却后待用。

2.9.1.3 表征

利用游标卡尺测量烧前及烧后试样大小，计算试样烧后线变化率；利用阿基米德排水法检测烧后试样的体积密度和显气孔率（介质为去离子水，密度为 1.0 g/cm³）；利用 Philips Xpert-MPD 型 X 射线衍射仪对烧后的样品进行物相分析（CuK$_{\alpha1}$ 辐射，管压：40V，管流：40mA，步长 0.013°，扫描范围 10°~90°）；利用德国 ZEISS 的 ΣIGMAHD 场发射高分辨扫描电镜观察烧后试样的微观结构。

2.9.2 实验数据分析与处理

2.9.2.1 反应吉布斯自由能与温度

图 2.45 所示为 CaTiO₃ 与 CaZrO₃ 反应的吉布斯自由能与烧结温度的关系。已知 CaCO₃ 在常压下分解温度约为 1173K。由图可知，CaTiO₃ 和 CaZrO₃ 的 ΔG 随着温度的升高均呈现逐渐下降的趋势，且当温度为 600K 左右时，CaCO₃ 先与 TiO₂ 发生反应生成 CaTiO₃。之后在 900~950K 之间 ZrO₂ 与 CaCO₃ 反应生成 CaZrO₃。说明反应过程中添加的 TiO₂ 会先于 ZrO₂ 与尚未发生分解的 CaCO₃ 反应生成 CaTiO₃。

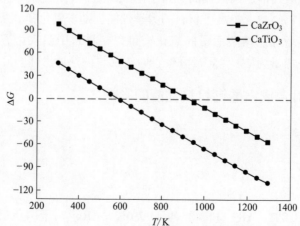

图 2.45 CaTiO₃ 与 CaZrO₃ 的反应吉布斯自由能与烧结温度的关系

2.9.2.2 材料晶相组成及晶格常数分析

图 2.46（a）所示为不同 TiO_2 含量下锆酸钙试样的 XRD 图谱。由图中 0 试样可知，试样衍射峰与标准卡片 $CaZrO_3$（PDF#76-2401）吻合，说明以 $CaCO_3$ 和 ZrO_2 为原料经 1600℃ 烧成可以制备出以锆酸钙为主晶相的锆酸钙材料。随着 TiO_2 含量的增加，试样中开始出现 $CaZr_{0.92}Ti_{2.08}O_7$ 相，并且由衍射峰可知其含量逐渐增加。分析认为，TiO_2 会先于 ZrO_2 与 $CaCO_3$ 反应生成少量的 $CaTiO_3$。在 $CaTiO_3$ 晶胞中，较大的 Ca^{2+} 和 O^{2-} 离子一起做立方最紧密堆积排列，Ca^{2+} 在立方体顶角，O^{2-} 在立方体的 6 个面的面心，而 Ti^{4+} 填充于 6 个 O^{2-} 构成的八面体空隙中。在 $CaTiO_3$ 中各离子半径为：$r_{Ca^{2+}} = 0.1nm$、$r_{Ti^{4+}} = 0.06nm$、$r_{O^{2-}} = 0.14nm$。对于 ABO_3 模型的钙钛矿结构，无论是 A 位取代还是 B 位取代，都依赖于掺杂离子与被取代离子的性质的相似。对于 B 位，小体积高电荷的离子更有利于取代的发生。根据固溶体形成条件判断，首先，$CaZrO_3$ 晶体结构与 $CaTiO_3$ 相似，且 Ti^{4+} 和 Zr^{4+} 均形成八面体结构，满足形成置换固溶体的条件；其次 Ti^{4+} 和 Zr^{4+} 的半径相差未超过 30% 且 $\Delta r = \dfrac{r_{Zr^{4+}} - r_{Ti^{4+}}}{r_{Ti^{4+}}} = \dfrac{0.072 - 0.06}{0.06} = 20\% > 15\%$，满足形成有限固溶体的条件。为保持电价平衡，体系中发生的缺陷反应如下式所示：

$$Zr^{4+} \xrightarrow{\quad CaO \cdot TiO_2 \quad} Zr_{Ti} + 2O_O$$

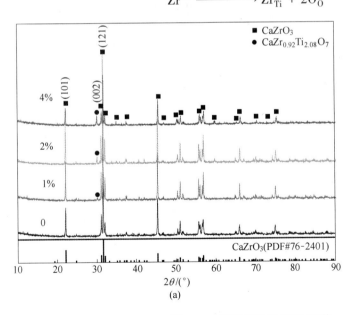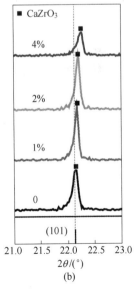

图 2.46 锆酸钙试样 XRD 图谱

如图 2.46（b）所示，1% 的（101）衍射峰峰值为 22.160°，大于标准 PDF 卡片的衍射峰峰值（22.136°）。随着 TiO_2 添加量的增加，4% 试样的（101）衍射峰峰值增大至 22.250°。分析认为，由于半径较大的 Zr^{4+} 置换离子半径较小的 Ti^{4+}，导致固溶体 $CaZr_{0.92}Ti_{2.08}O_7$ 的产生引起晶格畸变以及晶胞常数增大，产生的残余应力使其对 $CaZrO_3$ 晶粒造成压应力，并使衍射峰逐渐向高角度发生偏移。

经固相反应制备的 $CaZrO_3$ 属于斜方晶系、$Pcmn$ 空间群结构。选取（101）、（121）、（002）晶面，利用其晶面间距 d_{hkl} 并通过公式计算其晶体的晶格常数。

$$\frac{1}{d_{hkl}^2} = \left(\frac{h}{a}\right)^2 + \left(\frac{k}{b}\right)^2 + \left(\frac{l}{c}\right)^2$$

图 2.47 所示为 TiO_2 含量与 $CaZrO_3$ 晶体晶胞参数的关系。由图可知，随着 TiO_2 含量的增加，$CaZrO_3$ 晶体的晶胞参数及晶胞体积逐渐减小。分析认为，由于 $CaZrO_3$ 中半径较大的 Zr^{4+} 占据了 $CaTiO_3$ 中部分 Ti^{4+} 的阵点，在置换过程中 $CaZrO_3$ 点阵中 Zr^{4+} 的缺失产生空位（V_{Zr}''），引起其晶格常数以及晶胞体积的减小。晶胞参数的变化与 XRD 特征峰的偏移紧密相关，其向右偏移意味着主晶相的晶胞参数变小。由图 2.46（b）可知，$CaZrO_3$ 特征峰的偏移现象验证了晶胞参数逐渐减小的可靠性。

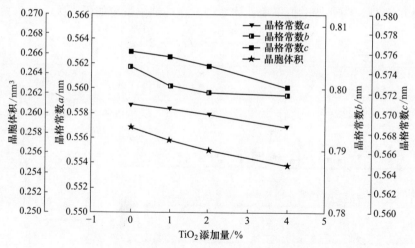

图 2.47　锆酸钙相的晶格常数和晶胞体积

2.9.2.3　微观结构

图 2.48 所示为不同 TiO_2 含量下锆酸钙试样的 SEM 图片。图 2.48（a）~（d）分别表示 TiO_2 含量为 0、1%、2%、4%。由图可知，当 TiO_2 含量为 1% 时，试样内部的气孔率增加，晶粒较小。随着 TiO_2 含量的增加，试样的显气孔率逐渐降低；当 TiO_2 含量达到 4% 时，试样结构最为致密，此时试样相对密度达到

93.39%。分析认为，根据 $CaTiO_3$、$CaZrO_3$ 的反应吉布斯自由能与温度的关系可知，试样中的 $CaCO_3$ 先与作为添加剂的 TiO_2 反应，生成少量 $CaTiO_3$，待 TiO_2 反应完毕之后部分 Zr^{4+} 通过形成置换固溶体的方式占据 $CaTiO_3$ 中 Ti^{4+} 点阵的阵点，由于 Ti^{4+} 和 Zr^{4+} 半径不同，形成的置换固溶体总会引起点阵畸变，使晶体处于高能活化状态，从而促进试样烧结。

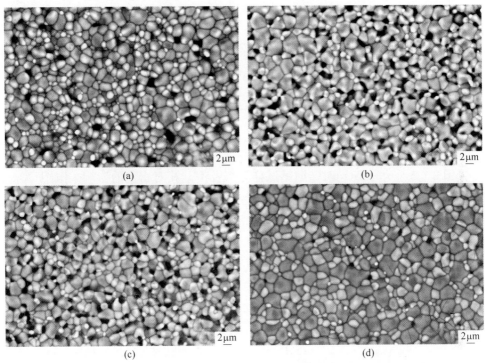

图 2.48 不同 TiO_2 含量制备锆酸钙试样的 SEM 照片

图 2.49 所示为添加 TiO_2 后 $CaZrO_3$ 试样的 SEM 扫描图和能谱分析。由图

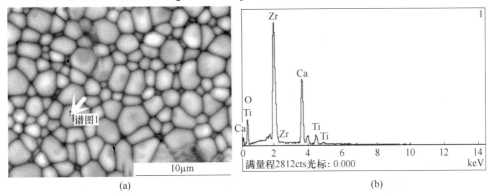

图 2.49 锆酸钙试样的能谱分析

2.49（b）与表 2.18 中的 EDS 分析结果可知，Ca 和 Zr 原子数比接近化学计量比，颗粒内部含有少量的 Ti 原子。可以判断添加 TiO_2 后在试样中形成了固溶体，这与 XRD 分析结果吻合。

表 2.18　EDS 分析结果　　　　　　　　（%）

元素	质量分数	摩尔分数	化合物分数	化学式
Ca K	21. 13	18. 45	29. 56	CaO
Ti K	4. 01	2. 93	6. 69	TiO_2
Zr L	47. 20	18. 11	63. 75	ZrO_2
O	27. 67	60. 52		
总量		100. 00		

2.9.2.4　TiO_2 对 $CaZrO_3$ 烧结性能的影响

图 2.50 所示为 TiO_2 对锆酸钙试样显气孔率、相对密度的影响。由图可知，随着 TiO_2 含量的增加，试样的相对密度先减小而后逐渐增大。当 TiO_2 含量达到 4% 时，试样相对密度达到 93.39%。分析认为，在升温过程中 TiO_2 先与 $CaCO_3$ 反应生成 $CaTiO_3$，造成试样中 $n(CaO):n(ZrO_2)<1:1$，当 CaO 与 ZrO_2 的摩尔比小于 1.1 时，反应生成的 $CaZrO_3$ 伴随较大的体积膨胀从而影响试样的烧结性能；当 TiO_2 含量的增加至 4% 时，$CaZrO_3$ 中更多 Zr^{4+} 进入 $CaTiO_3$ 晶格内部，产生置换固溶体 $CaZr_{0.92}Ti_{2.08}O_7$，而在 $CaZrO_3$ 晶体内部形成较多的 V_{Zr}''' 缺陷，缺陷造成的晶格畸变加速了体系内离子扩散，促进了 $CaZrO_3$ 的烧结。

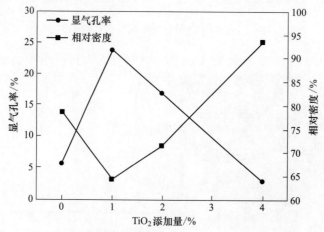

图 2.50　TiO_2 含量对锆酸钙显气孔率、相对密度的影响

图 2.51 所示为 TiO_2 对锆酸钙试样线变化率、常温抗弯强度的影响。由图可

知，随着 TiO_2 添加量的增加，试样线变化率、常温抗弯强度均呈现先减小后增大的趋势。当 TiO_2 添加量达到 4% 时，此时 $CaZrO_3$ 试样线变化率达到 25.77%，常温抗弯强度达到 178.02MPa。分析认为，当 TiO_2 添加量为 1% 时，由于试样中显气孔率增加，导致试样结构疏松，降低了常温抗弯强度；当 TiO_2 添加量增加至 4% 时，良好的烧结降低了试样的显气孔率，提高了试样常温抗弯强度。

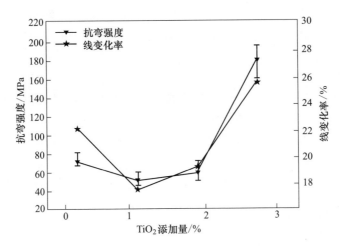

图 2.51 TiO_2 添加量对锆酸钙线变化率、常温抗弯强度的影响

本节通过研究 TiO_2 对 $CaZrO_3$ 试样烧结性能的影响，可以得出如下结论：TiO_2 对 $CaZrO_3$ 的烧结性能具有明显的促进作用。随着 TiO_2 的添加，Ti^{4+} 进入锆酸钙晶胞内部并占据 Zr^{4+} 位，在试样中产生置换固溶体（$CaZr_{0.92}Ti_{2.08}O_7$）。由于 Ti^{4+} 和 Zr^{4+} 半径不同，引起 $CaZrO_3$ 晶格常数减小，产生晶格畸变，促进试样烧结。随着 TiO_2 含量的增加，试样的线变化率、常温抗弯强度及相对密度逐渐增大，当 TiO_2 含量为 0（质量分数）时，试样相对密度为 63.99%，线变化率为 21.96%，常温抗弯强度为 37.46MPa。当 TiO_2 含量为 4% 时，试样相对密度达到 94.74%，线变化率提高至 26.10%，常温抗弯强度增加至 185.17MPa。

2.10 氧化钇对合成锆酸钙材料性能的影响

2.10.1 实验过程

2.10.1.1 原料

氧化锆（99.0%，AR）和碳酸钙（99.0%，AR）购于国药集团化学试剂有限公司，氧化钇购于阿拉丁试剂。

2.10.1.2　制备

CaCO$_3$ 和 ZrO$_2$ 按摩尔比 1 : 1 称量，分别加入质量分数为 0、1%、2%、4% 的氧化钇，混合后的粉料放入 XQM-2 型行星球磨机中并以酒精为研磨介质进行湿法球磨 24h。获得的料浆在 60℃下烘干 12h 并过 80 目筛。对物料进行干法成型，成型压力为 4MPa，成型试样直径 $\phi = 20$mm，高度约为 5mm。对试样进行等静压（压力为 200MPa），并将试样在 1600℃烧结，保温 3h，自然冷却后待用。

2.10.1.3　表征

利用游标卡尺测量烧前及烧后试样大小，计算试样烧后线变化率；利用阿基米德排水法检测烧后试样的体积密度和显气孔率（介质为去离子水，密度为 1.0 g/cm^3）；利用 Philips Xpert-MPD 型 X 射线衍射仪对烧后的样品进行物相分析（CuK$_{\alpha 1}$ 辐射，管压：40V，管流：40mA，步长 0.013°，扫描范围 10° ~ 90°）；利用德国 ZEISS 的 ∑IGMAHD 场发射高分辨扫描电镜观察烧后试样的微观结构。

2.10.2　实验数据分析与处理

2.10.2.1　氧化钇对锆酸钙材料晶相组成及晶格常数的影响

图 2.52 所示为锆酸钙晶体结构。在正交晶系中，Zr^{4+} 在 4b 位，Ca^{2+} 和 4 个 O$_1^{2-}$ 在 4c 位，8 个 O$_2^{2-}$ 在 8d 位。CaZrO$_3$ 的正交钙钛矿结构建立在角连接的八面体 ZrO$_6$ 的框架上，钙离子在 12 个点上。

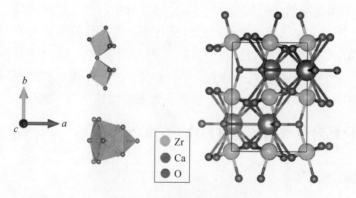

图 2.52　锆酸钙晶体结构

锆酸钙的晶体结构与钛酸钙相似，都为正交晶系钙钛矿结构，然而由于 Zr^{4+} 和 Ti^{4+} 离子半径不同（Zr^{4+} 离子半径大于 Ti^{4+} 离子半径），导致 ZrO$_6$ 八面体中的 Zr-O-Zr 夹角为 146°，而钛酸钙中 Ti-O-Ti 夹角为 156°。这表明在锆酸钙晶体结构

中的 ZrO_6 八面体较为倾斜（图 2.52）。正交 $CaZrO_3$ 的实验结构参数 a、b、c 和晶格体积分别为 0.055912nm、0.80171nm、0.57616nm 和 0.25826nm³。

　　图 2.53 所示为不同氧化钇含量下的锆酸钙经 1600℃烧后的 XRD 图谱。由图 2.53（a）可知，随着氧化钇含量的增加，在材料中并没有发现氧化钇相的存在。这表明氧化钇固溶进入锆酸钙形成了固溶体。图 2.53（b）所示为 XRD 图谱的微区放大图。由图 2.53（b）可知，当氧化钇含量为 1%（质量分数）时，锆酸钙特征峰（101）是 22.094°，小于其标准（22.164°）；当氧化钇含量为 4%（质量分数）时，角度突然增加至 22.164°，这表明晶格常数减小。这一现象可能是由于反应中 Y^{3+}、Ca^{2+} 和 Ti^{4+} 半径的差异，以及固溶过程中由于缺陷的形成造成 $CaZrO_3$ 的晶格常数发生了变化。为了研究 Y^{3+} 对 $CaZrO_3$ 晶格常数的影响，本节利用特征峰（101）、（002）和（321）计算了 $CaZrO_3$ 细胞参数。

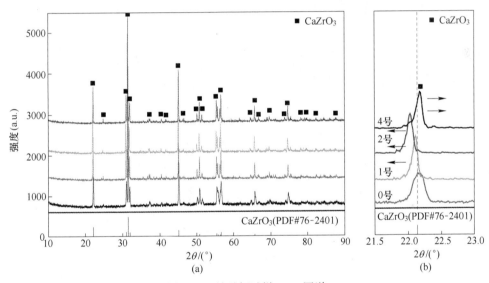

图 2.53　锆酸钙试样 XRD 图谱

　　锆酸钙属于正交晶系。晶格常数通过下式计算：

$$\frac{1}{d_{hkl}^2} = \left(\frac{h}{a}\right)^2 + \left(\frac{k}{b}\right)^2 + \left(\frac{l}{c}\right)^2$$

式中　d_{hkl}——晶面间距；

　　h，k，l——晶面指数；

　　a，b，c——晶格常数。

　　图 2.54 所示为氧化钇对锆酸钙晶格常数的影响。随着氧化钇含量增加至 2%（质量分数），锆酸钙晶胞体积增加至 0.262nm³；然而，当氧化钇增加至 4%（质量分数）时，晶胞体积突然降低至 0.257nm³。如图 2.53（b）所示，添加不同

含量的氧化钇，锆酸钙特征峰发生偏移，当向大角度偏移时意味着晶格常数减小，小角度偏移则意味着晶格常数增大。

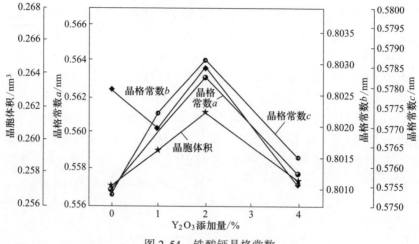

图 2.54　锆酸钙晶格常数

产生这种现象的原因分析为 Y^{3+} 在锆酸钙中不同的取代位置造成了不同类型的结构缺陷。锆酸钙属于 ABO_3 型钙钛矿晶体结构，其中 A 和 B 位的取代主要取决于掺杂离子和置换离子之间的离子半径。Ca^{2+}、Zr^{4+}、Y^{3+} 的离子半径分别为 $0.100nm$、$0.072nm$ 和 $0.090nm$。用晶体化学理论中的容差因子对掺杂离子与钙钛矿晶体结构形成的固溶体的稳定性进行了评价：

$$t = \frac{r_A + r_O}{2^{\frac{1}{2}}(r_B + r_O)}$$

式中　r_A, r_B, r_O——分别是 A，B 和 O 的离子半径。

根据这一理论，Buscaglia 认为当掺杂离子半径在 $0.087 \sim 0.094nm$ 之间时，既可以发生 A 类取代，也可以发生 B 类取代。Y^{3+} 半径 $= 0.090nm$，所以在一定程度上 Ca^{2+}、Zr^{4+} 可以被 Y^{3+} 取代。为了保证电价平衡，发生如下缺陷反应方程：

$$Y_2O_3 \xrightarrow{CaO \cdot ZrO_2} 2Y'_{Zr} + 3O_O + V_{\ddot{O}}$$

当 Zr^{4+} 被更大的 Y^{3+} 取代时，形成氧空位，使细胞体积增大。但是，当 Ca^{2+} 被 Y^{3+} 取代时，体系中形成了如下式所示的缺陷反应，形成了 $Ca_{1-3x/2}Y_xZrO_3$：

$$Y_2O_3 \xrightarrow{CaO \cdot ZrO_2} 2Y^{\cdot}_{Ca} + 3O_O + V''_{Ca}$$

当 Ca^{2+} 被较小的离子（Y^{3+}）取代时，同时产生 Ca^{2+} 空位，导致 $CaZrO_3$ 的晶格常数减小。这表明当 Ca^{2+} 被 Y^{3+} 取代时，$CaZrO_3$ 的晶格体积减小，从 $CaZrO_3$ 的晶格含量和晶格体积的变化趋势可以看出，Y_2O_3 为萤石结构，Y 的配位数为 7，当 Y_2O_3 添加量小于 2% 时，配位数为 6 的 Zr^{4+} 先被 Y^{3+} 取代，$CaZrO_3$

的晶格体积增大。当添加量超过 2% 时，Ca^{2+} 被 Y^{3+} 取代会导致晶格体积减小。

2.10.2.2　氧化钇对锆酸钙材料微观结构的影响

图 2.55 所示为不同 Y_2O_3 含量 $CaZrO_3$ 试样的微观结构。0 号试样中存在大

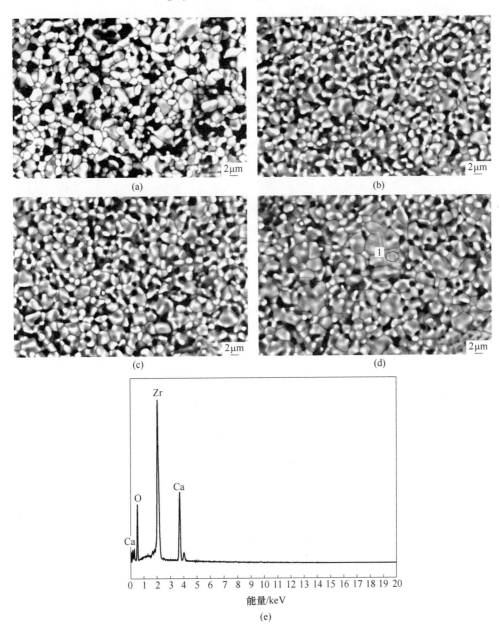

图 2.55　微观结构及 EDS 能谱分析

量不规则孔隙, 基体密度较低 (图 2.55 (a))。由图 2.55 (b)~(d) 可以看出, 添加 Y_2O_3 有效地提高了试样的密度, 气孔数量相对较小, 说明 Y_2O_3 在一定程度上促进了 $CaZrO_3$ 的致密化。增加的添加剂提高了锆酸钙晶粒尺寸, 其平均晶粒尺寸从 1.64μm 增加到 2.65μm。这种变化的原因可以归结为离子 Ca^{2+} 和 Zr^{4+} 被 Y^{3+} 取代, 在晶体中形成固溶体。在取代过程中, 通过结构缺陷改善了固体与固体间的传质, 改善了试样的烧结性能。对图 2.55 (d) 中指定区域的晶粒进行 EDS 分析, 并结合表 2.19 的结果, 根据 1 区 EDS 谱图, 可以发现离子 Y^{3+} 进入晶体, 形成固溶体。

表 2.19　EDS 能谱分析结果　　　　　　　　　　　　　　(%)

元素	质量分数	摩尔分数	化合物分数	化学式
C K	3.10	8.06	11.35	CO_2
Ca K	16.94	13.21	23.70	CaO
Y L	0.62	0.22	0.79	Y_2O_3
Zr L	47.50	16.28	64.17	ZrO_2
O	31.84	62.23		
合计		100.00		

图 2.56 所示为烧后试样的晶粒尺寸分布。随着 Y_2O_3 含量的增加, 晶粒尺寸和较大晶粒的数量也随之增大。由图可知, 当 Y_2O_3 为 0 时, 范围在 1.0~1.5μm 的晶粒占总数的 35.47%; 当 Y_2O_3 增加至 4% 时, 这一数值仅为 12.32%, 与此同时, 范围在 1.0~1.5μm 的晶粒从原有的 12.81% 增加至 21.67%。

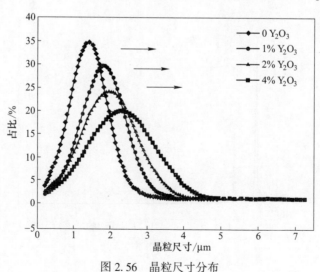

图 2.56　晶粒尺寸分布

2.10.2.3　氧化钇对锆酸钙材料烧结性能的影响

图 2.57 所示为 Y_2O_3 对 $CaZrO_3$ 烧后线变化率和相对密度的影响。由图可见，Y_2O_3 对锆酸钙烧结性能的影响是显著的。随着添加量的增加，试样的线性变化率提高（图 2.57）。当 Y_2O_3 添加量达到 4% 时，样品的线性变化率最大（26.9%）。从样品的相对密度可以看出，没有添加 Y_2O_3 的样品难以达到致密化。随着 Y_2O_3 添加量的增加，锆酸钙的相对密度呈上升趋势，当 Y_2O_3 从 0 增加到 4%（质量分数）时，相对密度从 63.99% 增加到 84.45%。结果表明，在高温固相反应过程中，电机机构的缺陷对烧结有积极的影响。如上述所说，掺杂氧化钇后形成的结构缺陷造成锆酸钙晶格畸变，促进了烧结。

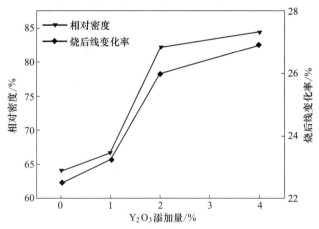

图 2.57　氧化钇添加量对锆酸钙烧后线变化率、相对密度的影响

本节通过分析氧化钇对锆酸钙材料性能的影响，可以得出如下结论：加入 Y_2O_3 添加剂形成固溶体，改善了 $CaZrO_3$ 的烧结性能。当 Y_2O_3 含量为 4%（质量分数）时，锆酸钙的线性变化率提高到 26.9%，相对密度由 63.99% 增加到 84.45%，平均晶粒尺寸从 1.64μm 增加到 2.65μm。

3 锆酸钙材料与钢液的相互作用

耐火材料对钢液的质量有重要的影响。耐火材料在与钢液接触过程中会发生熔蚀进入钢液中，并最终影响钢液的质量。由于耐火材料在钢液中的溶解度不同，所以对钢液质量的影响也不一样；同时耐火材料不同对钢液中的夹杂元素硫、磷、氧等元素含量的影响也不同。本章重点介绍了实验室条件下锆酸钙材料与普碳钢、硅钢和帘线钢三种钢样在高温下的相互作用机理。

3.1 实验过程与检测

3.1.1 实验过程

本章在实验室条件下模拟锆酸钙材料与三种不同钢样相互作用的影响。选用的三种钢样实验前后的化学成分见表 3.1。

表 3.1　实验前后钢样的化学成分（质量分数）　　（%）

钢成分		C	Si	Mn	P	S	Al（酸溶解）
实验前	普碳钢	0.058	0.013	0.229	0.014	0.008	0.077
	硅钢	0.004	1.341	0.554	0.014	0.004	0.322
	帘线钢	0.066	0.250	1.340	0.010	0.012	0.015
实验后	普碳钢	0.060	0.013	0.199	0.033	0.006	0.001
	硅钢	0.008	1.346	0.503	0.023	0.002	0.011
	帘线钢	0.070	0.255	1.306	0.015	0.008	0.001

实验所用锆酸钙坩埚的制作：在第 2 章实验条件下以分析纯碳酸钙和氧化锆为原料，经二步烧结在 1600℃保温 3h 制得锆酸钙原料，烧结过程中没有添加任何烧结剂，结合剂中加入量少量的磷酸盐，目的是为了便于分析钢液中氧化铝和二氧化硅夹杂物对锆酸钙材料性能的影响；然后将所制得的锆酸钙原料经破碎机破碎成各种粒度后，按质量分数分别加入 1~3mm 锆酸钙 40%、1~0mm 锆酸钙 25%、0.074mm 锆酸钙 35%；结合剂采用的是质量浓度为 5%的 CMC 和质量浓度为 10%的六偏磷酸钠混合溶液，加入量为 3.5%；手工混料后在液压机上用 200MPa 的压力压制成型，成型坩埚试样的大小如图 3.1 所示。坩埚成型后先在

110℃下干燥24h，然后将试样置于高温箱式电炉中于室温升温至1600℃保温3h烧成，升温曲线为：室温~500℃，8℃/min；500~1000℃，5℃/min；1000~1600℃，3℃/min。烧成后坩埚的理化指标见表3.2。

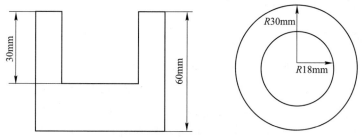

图3.1　试验用坩埚示意图

表3.2　试验用坩埚的理化指标

项目	化学成分（质量分数）/%		体积密度/g·cm⁻³	气孔率/%
	CaO	ZrO₂		
锆酸钙坩埚	31.0	68.0	3.65	20

实验采用的锆酸钙材料与3种钢样在高温下相互作用的设备为高温真空热压炉。高温真空热压炉如图3.2所示。

图3.2　实验用真空热压烧结炉

考虑实验条件尽量接近实际钢液的冶炼情况，实验温度选定在1600℃下进行。为了防止钢液表面钢渣对实验结果的影响，实验过程中钢样表面没有覆盖保护渣，整个实验过程都在惰性气体（氩气）气氛或真空保护下进行。高温真空炉加热之前，首先将炉内抽真空，直至炉内相对压强达到 10^{-2} Pa，并保压30min；然后升温并将炉温升至500℃后将炉内的真空气氛改为氩气气氛，并保持炉内氩气相对压强为 10^4Pa，然后继续加热升温。加热升温曲线为室温~1600℃，12.5℃/min；1600℃保温 3h。加热保温实验结束后，试样随炉冷却至1000℃时，将原来的氩气气氛保护重新改为真空保护，炉内的相对压强仍保持在 $10^{-2}Pa$，直至炉温冷却到室温后取出试样待用。

3.1.2　试验检测

将锆酸钙坩埚内熔炼后的圆柱形钢样用砂纸打平、磨光，利用英国产 POLYUACFE-2000 型真空直读光谱仪测定反应前后钢样中的碳、硅、硫、磷、锰、酸溶铝等元素含量的变化；然后将锆酸钙坩埚沿中心线切开，宏观观察锆酸钙坩埚的侵蚀情况；同时在坩埚样上切取小样并磨制成光片，用荷兰产 QUATA-400 型扫描电镜扫描观察锆酸钙坩埚试样侵蚀后的微观结构，并借牛津 IE-350 型能谱仪分析锆酸钙坩埚的微区成分。

3.2　锆酸钙材料对钢液质量的影响

本节主要从热力学角度并结合钢样实验前后的真空直读光谱仪结果分析锆酸钙材料对钢液中氧、硫、磷含量的影响。

3.2.1　锆酸钙材料对钢液中氧含量的影响

耐火材料作为钢液熔炼的坩埚，会在钢液中产生一定的溶解度。耐火材料大多为耐火氧化物组成，因此势必会对钢液中的氧含量产生影响；当以锆酸钙材料作为冶金容器内衬耐火材料时，也会发生这一现象，所以有必要进行锆酸钙材料对钢液中氧含量的计算。根据陈肇友提出的假设，可以认为锆酸钙复合氧化物在钢液中溶解时发生如下反应：

$$CaO \cdot ZrO_2(s) \Longrightarrow CaO(s) + 2[O] + [Zr] \qquad (3.1)$$

式 (3.1) 反应的吉布斯自由能 $\Delta G_1^{\ominus}$ 可由以下公式计算得到：

$$CaO \cdot ZrO_2(s) \Longrightarrow CaO(s) + ZrO_2(s), \quad \Delta G_2^{\ominus} = 39300 - 0.42T \quad (J/mol)$$
$$(3.2)$$

$$ZrO_2(s) \Longrightarrow Zr(s) + O_2(g), \quad \Delta G_3^{\ominus} = 1092000 - 183.7T \quad (J/mol)$$
$$(3.3)$$

$$Zr(s) \Longrightarrow [Zr], \quad \Delta G_4^{\ominus} = -64430 - 42.38T \quad (J/mol)$$
$$(3.4)$$

$$0.5O_2(g) \Longrightarrow [O], \quad \Delta G_5^{\ominus} = -117150 - 2.89T \quad (J/mol)$$
$$(3.5)$$

式(3.2)+式(3.3)+式(3.4)+式(3.5)×2 得到：

$$CaO \cdot ZrO_2(s) \Longrightarrow CaO + [O] + [Zr], \quad \Delta G_1^{\ominus} = 832570 - 232.28T \quad (J/mol)$$
$$(3.6)$$

当温度等于1600℃时，得到：

$$\Delta G_{1,1600℃}^{\ominus} = 397509.56 - RT\ln K^{\ominus} \quad (J/mol) \quad (3.7)$$

而式（3.1）的平衡常数 $K_1^{\ominus}$ 可以表示为：

$$K_1^{\ominus} = \frac{a_{(CaO)} \cdot a_{[Zr]} \cdot a_{[O]}^2}{a_{(CaZrO_3)}} \quad (3.8)$$

式中 $a_{[O]}$——钢液中氧元素活度；

$\quad a_{[Zr]}$——钢液中锆元素的活度；

$\quad a_{(CaO)}$——渣中氧化钙的活度；

$\quad a_{(CaZrO_3)}$——渣中锆酸钙的活度。

由于 CaO 和 CaZrO$_3$ 在钢液中的溶解度很小，可以认为它们各自的溶液为典型的拉乌尔（Raoult）溶液，即可以认为 $a_{(CaO)} = 1$，$a_{(CaZrO_3)} = 1$，于是可以求出当温度等于1600℃时的平衡常数。

$$\ln K_{1,1600℃}^{\ominus} = \ln a_{[Zr]} \cdot a_{[O]}^2 = -397509.56/(RT) = -25.527 \quad (3.9)$$

当 $a_{[Zr]} = 0.01$ 时，$a_{[O]} = 5.45 \times 10^{-6}$；当以氧压强表示时，可以通过式（3.5）进行转换。

$$\Delta G_5^{\ominus} = -RT\ln \Delta K_{O_2}^{\ominus} = -RT\ln \frac{a_{[O]}}{\left(\dfrac{p_{O_2}}{p^{\ominus}}\right)^{\frac{1}{2}}} = -117150 - 2.89T \quad (J/mol) \quad (3.10)$$

式中 p_{O_2}——与钢液中氧元素平衡时的氧分压，Pa；

$\quad p^{\ominus}$——标准大气压，101325Pa。

所以当温度为1600℃时可以计算出氧分压的对数值：

$$\lg(p_{O_2}/p^{\ominus}) = -17.383 \quad (3.11)$$

可见，锆酸钙的氧压要比氧化锆的氧压稍低一些，所以使用锆酸钙材料对钢液的增氧将比使用氧化锆要小。上面的计算虽然对锆酸钙材料理论上的氧压进行了分析，并得出了有理论指导意义的结论；但是这种假设与实际情况不符，因为实际钢液中常常还溶解有其他元素，并且钢液中各元素之间存在相互作用是不可避免的，因此在计算时需要考虑钢液中各元素之间的相互影响。下面以帘线钢为例分析锆酸钙材料对帘线钢中氧元素的影响。钢液中溶解的氧含量（[O]%）可根据钢液中的酸溶铝（[Al]%）的含量求得，计算如下：

$$2Al(l) + \frac{3}{2}O_2(g) \Longrightarrow Al_2O_3(s), \quad \Delta G_7^{\ominus} = -1682900 + 323.24T \quad (J/mol)$$
$$(3.12)$$

$$Al(l) =\!=\!= [Al], \qquad \Delta G_8^\ominus = -63180 - 27.91T \quad (J/mol)$$

$$(3.13)$$

$$0.5O_2(g) =\!=\!= [O], \qquad \Delta G_9^\ominus = -117150 - 2.89T \quad (J/mol)$$

$$(3.14)$$

由上三式可以求得反应：

$$Al_2O_3(s) =\!=\!= 2[Al] + 3[O] \qquad\qquad (3.15)$$

式（3.15）的标准吉布斯自由能变化为：

$$\Delta G_{10}^\ominus = 1205090 - 387.73T \quad (J/mol)$$

当温度等于1600℃时有：

$$\Delta G_{10,1600℃}^\ominus = 47887.71 \quad (J/mol)$$

又因为 $G_{10,1600℃}^\ominus = -RT\ln K_{10,1600℃}^\ominus$ 有：

$$47887.71 = -8.314 \times 1873 \ln a_{[Al]}^2 \cdot a_{[O]}^3$$

$$\ln a_{[Al]}^2 \cdot a_{[O]}^3 = -30.75$$

所以当温度等于1600℃时，有：

$$a_{[Al]}^2 \cdot a_{[O]}^3 = 4.42 \times 10^{-14} \qquad\qquad (3.16)$$

所以：

$$2\lg a_{[Al]} + 3\lg a_{[O]} = 2\lg f_{Al} + 2\lg[Al] + 3\lg f_O + 3\lg[O]$$

$$= -13.3546 \qquad\qquad (3.17)$$

式中　f_{Al}——钢液中铝元素的活度系数；

　　　f_O——钢液中氧元素的活度系数。

　　而钢液中铝元素的相互作用系数：

$$e_{Al}^{Al} = 0.045; \quad e_{Al}^{C} = 0.091; \quad e_{Al}^{S} = 0.03; \quad e_{Al}^{Si} = 0.056; \quad e_{Al}^{O} = -6.6$$

因此可以根据下式计算出钢液中铝元素的活度系数：

$$\lg f_{Al} = \sum e_i^j w[\%j]$$

$$= e_{Al}^{Al} \times w[\%Al] + e_{Al}^{C} \times w[\%C] + e_{Al}^{S} \times w[\%S] + e_{Al}^{Si} \times w[\%Si] + e_{Al}^{O} \times w[\%O]$$

$$= 0.045 \times 0.015 + 0.091 \times 0.066 + 0.03 \times 0.012 +$$

$$0.056 \times 0.25 - 6.6 \times w[\%O]$$

$$= 0.021041 - 6.6w[\%O]$$

$$(3.18)$$

式中　e_i^j——钢液中 i 元素对钢液中 j 元素的相互作用系数；

　$w[\%j]$——钢液中 j 元素质量百分数。

　　而钢液中氧元素的相互作用系数：

$$e_O^{Al} = -3.9; \quad e_O^{C} = -0.45; \quad e_O^{S} = -0.133; \quad e_O^{P} = 0.07; \quad e_O^{Si} = -0.131; \quad e_O^{O} = -0.2;$$

$e_O^{Mn} = -0.021$。

因此可以根据下式计算出帘线钢钢液中氧元素的活度系数 f_O：

$$\lg f_O = \sum e_i^j w[\%j]$$

$$= e_O^{Al} \times w[\%Al] + e_O^C \times w[\%C] + e_O^S \times w[\%P] + e_O^P \times w[\%P] + e_O^{Si} \times$$

$$w[\%Si] + e_O^O \times w[\%O]$$

$$= -3.9 \times 0.015 - 0.45 \times 0.066 - 0.133 \times 0.012 +$$

$$0.07 \times 0.010 - 0.131 \times 0.25 - 0.021 \times 1.34 - 0.2 \times w[\%O]$$

$$= -0.149986 - 0.2 \times w[\%O] \tag{3.19}$$

将式（3.18）、式（3.19）和 $w[\%Al] = 0.015$ 代入式（3.17）后得：

$$2(0.021041 - 6.6w[\%O]) + 2 \times \lg 0.015 + 3(-0.149986 -$$

$$0.2 \times w[\%O]) + 3\lg w[\%O]$$

$$= -13.3456 - 3.2402 - 13.4w[\%O] + 3\lg w[\%O] = -13.3456$$

$$w[\%O] = 0.0008005$$

所以可以求得：$a_{[O]} = 0.0008005 \times f_O = 0.0005669$；将此计算结果代入式（3.10）的平衡常数中可得：

$$\ln K_{10,1600℃}^{\ominus} = \ln a_{[Zr]} \cdot a_{[O]}^2 = -397509.56/(RT) = -25.527$$

于是可以求得：

$$a_{[Zr]} = 2.551 \times 10^{-5} \tag{3.20}$$

而
$$a_{[Zr]} = w[\%Zr] \times f_{Zr} \tag{3.21}$$

将式（3.20）代入式（3.21）有：

$$\lg w[\%Zr] + \lg f_{Zr} = -4.593306 \tag{3.22}$$

由锆元素在钢液中的相互作用系数：$e_{Zr}^S = -0.16$，$e_{Zr}^O = 2.53$，$e_{Zr}^{Zr} = 0.022$，因此可以计算出锆元素在帘线钢钢液中的活度系数：

$$\lg f_{Zr} = \sum e_i^j w[\%j] = e_{Zr}^S \times w[\%S] + e_{Zr}^O \times w[\%O] + e_{Zr}^{Zr} \times w[\%Zr]$$

$$= -0.16 \times 0.012 + 2.53 \times 0.0008005 + 0.022w[\%Zr]$$

$$= 0.000105265 + 0.022 \times w[\%Zr] \tag{3.23}$$

将式（3.23）代入式（3.22）有：

$$w[\%Zr] = 2.55 \times 10^{-5} \tag{3.24}$$

通过式（3.24）可以看出锆酸钙在帘线钢钢液中的溶解量很低，所以分析钢样成分时，没有发现有锆元素，因此锆酸钙材料在高温真空条件下溶解后对钢液产生的增氧量可以忽略。

3.2.2 锆酸钙材料对钢液中硫含量的影响

硫通常被认为是钢中的有害元素，它影响钢材的机械性能、热脆性和焊接性能等，因此在炉外精炼和铁水预处理过程中需采用多种冶炼方法用渣或喷粉脱硫。耐火材料相对于钢液也是一种炉渣，因此耐火材料对钢液中的硫含量也会产生影响。本节重点研究锆酸钙材料对钢液中硫含量的影响。

钢液中的脱硫反应可以用式（3.25）表示：

$$[S] + CaO(s) \rightleftharpoons CaS(s) + [O] \qquad (3.25)$$

式（3.25）反应的平衡常数为：

$$K_{11}^{\ominus} = \frac{a_{(CaS)} a_{[O]}}{a_{[S]} a_{(CaO)}} \qquad (3.26)$$

式中　$a_{(CaO)}$——渣中氧化钙的活度；

　　　$a_{(CaS)}$——渣中硫化钙的活度。

$$CaO(s) \rightleftharpoons Ca(g) + \frac{1}{2}O_2(g), \quad \Delta G_{12}^{\ominus} = 778850 - 184.93T \quad (J/mol) \qquad (3.27)$$

$$\frac{1}{2}O_2(g) \rightleftharpoons [O], \qquad \Delta G_{13}^{\ominus} = -117150 - 2.89T \quad (J/mol) \qquad (3.28)$$

$$\frac{1}{2}S_2(g) \rightleftharpoons [S], \qquad \Delta G_{14}^{\ominus} = -135060 + 23.43T \quad (J/mol) \qquad (3.29)$$

$$Ca(l) \rightleftharpoons Ca(g), \qquad \Delta G_{15}^{\ominus} = 157800 - 87.11T \quad (J/mol) \qquad (3.30)$$

$$Ca(l) + \frac{1}{2}S_2(g) \rightleftharpoons CaS(s), \qquad \Delta G_{15}^{\ominus} = -548100 + 103.85T \quad (J/mol) \qquad (3.31)$$

由式（3.27）+式（3.28）-式（3.29）-式（3.30）+式（3.31）得：

$$[S] + CaO(s) \rightleftharpoons CaS(s) + [O], \quad \Delta G_{11}^{\ominus} = 90860 - 20.29T \quad (J/mol) \qquad (3.32)$$

当温度等于1600℃时，由式（3.32）可以求出：

$$K_{11,1600℃}^{\ominus} = \frac{a_{(CaS)} a_{[O]}}{a_{[S]} a_{(CaO)}} = 3.356 \times 10^{-2} \qquad (3.33)$$

由于CaO和CaS在钢液中的溶解度很小，可以认为它们各自的溶液为典型的拉乌尔（Raoult）溶液，所以可以认为 $a_{(CaO)} = a_{(CaS)} = 1$；于是有

$$K_2 = \frac{a_{[O]}}{a_{[S]}} = 3.356 \times 10^{-2} \qquad (3.34)$$

由式（3.34）可见，要降低钢液中的硫元素的活度，可以通过降低钢液中氧

元素的活度，即可以通过强脱氧剂降低钢液中氧元素的活度。通常钢液精炼脱氧时使用的脱氧剂为金属铝（铝），而金属铝在钢液中的溶解度可以通过分析钢样的成分得到。通过前面的计算已知 $w[\%O] = 0.0008005$，$a_{[O]} = 0.0005669$；由钢液中硫元素的相互作用系数：

$e_S^{Al} = 0.035$；$e_S^C = 0.112$；$e_S^{Mn} = -0.026$；$e_S^P = 0.029$；$e_S^S = -0.028$；$e_S^{Si} = 0.063$；$e_S^O = -0.27$。

于是可以根据式（3.35）计算出帘线钢中硫元素的活度系数 f_S：

$$\lg f_S = \sum e_i^j w[\%j]$$

$$= e_S^{Al} \times w[\%Al] + e_S^C \times w[\%C] + e_S^{Mn} \times w[\%Mn] + e_S^P \times w[\%P] + e_S^S \times$$

$$w(\%S) + e_S^{Si} \times w[\%Si] + e_S^O \times w[\%O]$$

$$= 0.035 \times 0.015 + 0.112 \times 0.066 - 0.026 \times 1.34 + 0.029 \times 0.01 -$$

$$0.028 \times 0.012 + 0.063 \times 0.25 - 0.27 \times 0.0005669$$

$$= -0.011373063 \tag{3.35}$$

解得帘线钢中硫元素的活度系数 f_S：

$$f_S = 0.9741 \tag{3.36}$$

因此可以求出帘线钢中硫的活度：

$$a_S = f_S \times w[\%S] = 0.9741 \times 0.012 = 0.01169 \tag{3.37}$$

而：

$$CaO(s) + ZrO_2(s) \Longrightarrow CaZrO_3(s)，\qquad \Delta G_{12}^\ominus = -39300 + 0.42T \quad (J/mol) \tag{3.38}$$

$$2[Al] + 3[O] \Longrightarrow Al_2O_3，\qquad \Delta G_{13}^\ominus = -1205090 + 387.73T \quad (J/mol) \tag{3.39}$$

$$CaO(s) + Al_2O_3(s) \Longrightarrow CaAl_2O_4(s)，\quad \Delta G_{14}^\ominus = -18000 - 18.83T \quad (J/mol) \tag{3.40}$$

由 3×式（3.32）-3×式（3.38）+式（3.39）得：

$$3[S] + 3CaZrO_3(s) + 2[Al] \Longrightarrow 3CaS(s) + Al_2O_3(s) + 3ZrO_2(s)$$

$$\Delta G_{15}^\ominus = -814610 + 325.6T \quad (J/mol) \tag{3.41}$$

或由 3×式（3.32）-4×式（3.38）+式（3.39）+式（3.40）得：

$$3[S] + 4CaZrO_3(s) + 2[Al] \Longrightarrow 3CaS(s) + CaAl_2O_4(s) + 4ZrO_2(s)$$

$$\Delta G_{16}^\ominus = -793310 + 306.35T \quad (J/mol) \tag{3.42}$$

而 $\Delta G_{16}^\ominus = \Delta G_{16}^\ominus + RT\ln J$，所以：

$$\Delta G_{16}^{\ominus} = -793310 + 306.35T + RT\ln J$$

$$= -219516 + 8.314 \times 1873\ln\frac{1}{a_{[S]}^3 \cdot a_{[Al]}^2}$$

$$= -219516 + 8.314 \times 1873\ln\frac{1}{0.01169^3 \times 0.01564^2}$$

$$= 117821.5 \text{J/mol} \tag{3.43}$$

由于式（3.42）的吉布斯自由能 ΔG 大于零，说明式（3.42）不可能发生。可是从钢样实验前后的成分表 3.1 可以看出，3 种钢样的硫含量在实验前后均发生了明显的减少，说明锆酸钙材料确实具有脱硫作用。出现这种现象的原因是锆酸钙坩埚试样在高温下的主要矿物相为锆酸钙和立方氧化锆固溶体，同时钢样中锆酸钙材料在高温下将会和钢液发生如下反应：

$$CaZrO_3 + xAl_2O_3 \rule[0.5ex]{2em}{0.4pt} xCaAl_2O_4 + Ca_{1-x}ZrO_{3-x} \tag{3.44}$$

和：

$$m[S] + Ca_{1-x}ZrO_{3-x}(s) + 2y[Al] \rule[0.5ex]{2em}{0.4pt} mCaS(s) + Ca_{1-x-m-y}ZrO_{3-x-4y}(s) + yCaAl_2O_4 \tag{3.45}$$

上述反应式（3.44）的发生使得锆酸钙转变为立方氧化锆固溶体，高钙的立方氧化锆固溶体又可以在高温还原性条件下通过界面反应发生脱硫作用，从而降低钢液中的硫含量。根据 V. S. Stubican 的研究，高温下氧化钙和氧化锆二元系统中可能存在的物相见表 3.3。

表 3.3　CaO-ZrO₂ 二元系化合物

化合物	锆酸钙	Φ2 相	Φ 相	Φ1 相
分子式	$CaZrO_3$	$Ca_6Zr_{19}O_{44}$	$Ca_2Zr_7O_{16}$	$CaZr_4O_9$
CaO（摩尔分数）/%	50.0	24.0	22.2	20.0
CaO（质量分数）/%	31.3	12.6	11.5	10.2

由于氧化锆固溶体的标准吉布斯自由能尚未见报道，而且关于锆酸钙固溶体的标准溶解吉布斯自由能、氧化钙和氧化锆形成锆酸钙固溶体的溶解热、锆酸钙固溶体的绝对熵以及氧化钙和氧化锆在锆酸钙固溶体中的活度等均没有，因此形成锆酸钙固溶体的准确的值不能计算出来，但是由于形成锆酸钙固溶体是一自发过程，因此形成锆酸钙固溶的溶解吉布斯自由能为一负值，一定小于零。

如果将锆酸钙固溶体近似地看做一理想溶液，那么形成理想溶液的标准吉布斯自由能与组成的关系为：

$$\Delta G_{SS}^{\ominus} = RT\sum_{i=1}^{n} x_i\ln x_i \tag{3.46}$$

式中 $\Delta G_{SS}^{\ominus}$——锆酸钙固溶体的标准溶解吉布斯自由能，J/mol；

$\quad\quad x_i$——锆酸钙固溶体中组元 i 的摩尔分数。

对于反应式：

$$0.2CaO(s) + 0.8ZrO_2(s) \Longequals Ca_{0.2}Zr_{0.8}O_{1.8}(s) \quad\quad (3.47)$$

有固溶体 $Ca_{0.2}Zr_{0.8}O_{1.8}$ 的溶解吉布斯自由能：

$$\Delta G_{SS1}^{\ominus} = RT(0.2\ln 0.2 + 0.8\ln 0.8) = -4.16T$$

则反应式：

$$0.2Ca(l) + 0.9O_2(g) + 0.8Zr(s) \Longequals Ca_{0.2}Zr_{0.8}O_{1.8}(s) \quad\quad (3.48)$$

形成固溶体 $Ca_{0.2}Zr_{0.8}O_{1.8}$ 的标准吉布斯自由能为：

$$\Delta G_{17}^{\ominus} = 0.2(-778850 + 184.93T) + 0.8(-1092000 + 187.3T) - 4.16T$$
$$= -1029370 + 182.666T \quad\quad (3.49)$$

同理对于反应式：

$$0.24CaO(s) + 0.76ZrO_2(s) \Longequals Ca_{0.24}Zr_{0.76}O_{1.76}(s) \quad\quad (3.50)$$

形成固溶体 $Ca_{0.2}Zr_{0.8}O_{1.8}$ 的溶解吉布斯自由能：

$$\Delta G_{SS2}^{\ominus} = RT(0.24\ln 0.24 + 0.76\ln 0.76) = -4.58T$$

则有：

$$0.24Ca(l) + 0.88O_2(g) + 0.76Zr(s) \Longequals Ca_{0.24}Zr_{0.76}O_{1.76}(s) \quad (3.51)$$

形成固溶体 $Ca_{0.24}Zr_{0.76}O_{1.76}$ 的标准吉布斯自由能为：

$$\Delta G_{19}^{\ominus} = 0.24(-778850 + 184.93T) + 0.76(-1092000 + 187.3T) - 4.58T$$
$$= -1016844 + 182.15T \quad\quad (3.52)$$

那么当温度等于1600℃时，可以计算出反应式：

$$0.76CaZrO_3(s) + 0.39[Al] + 0.26[S] \Longequals$$
$$0.39CaS(s) + 0.76Ca_{0.24}Zr_{0.76}O_{1.76}(s) + 0.13CaAl_2O_4 \quad\quad (3.53)$$

吉布斯自由能 $\Delta G_{20} = -689835.91J/mol<0$，说明式（3.53）可以发生。即锆酸钙材料在实验条件下可以发生脱硫反应，只是脱硫后的产物是立方锆酸钙固溶体而不是氧化锆。同样也可以计算出反应式：

$$0.8Ca_{0.24}Zr_{0.76}O_{1.76}(s) + 0.02[Al] + 0.03[S] \Longequals$$
$$0.03CaS(s) + 0.76Ca_{0.2}Zr_{0.8}O_{1.8}(s) + 0.01CaAl_2O_4 \quad\quad (3.54)$$

吉布斯自由能 $\Delta G_{20} = -173354.32J/mol<0$，说明式（3.54）同样也可以在实验条件下发生。即在实验条件下立方锆酸钙固溶体可以由高钙的固溶体向低钙的固溶体转化，为脱硫创造有利条件。

上述反应过程也可以通过图3.3表示。

从后面钢液对坩埚的侵蚀分析可以看出坩埚表层的氧化钙含量出现了明显的降低，表层氧化钙含量为30%（质量分数）左右的锆酸钙转变为了氧化钙含量

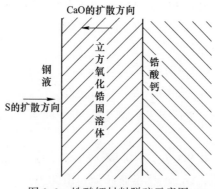

图 3.3　锆酸钙材料脱硫示意图

为 10%（质量分数）左右的立方氧化锆固溶体，从而为脱硫反应提供了氧化钙源。

3.2.3　锆酸钙材料对钢液中磷含量的影响

钢液中的磷不利于钢材的低温脆性，因此钢液中的磷也通常被认为是钢中的有害元素。因此对于低温脆性钢种，必须进行脱磷，钢液的脱磷反应可以通过下式表示。

$$3CaO(s) + P_2(g) + 2.5O_2(g) == 3CaO \cdot P_2O_5(s)$$

$$\Delta G_{21}^{\ominus} = -2313800 + 556.5T \quad (J/mol) \tag{3.55}$$

$$\frac{5}{2}O_2(g) == 5[O]$$

$$\Delta G_{22}^{\ominus} = -585750 - 14.45T \quad (J/mol) \tag{3.56}$$

$$P_2(g) == 2[P]$$

$$\Delta G_{23}^{\ominus} = -244346 - 38.5T \quad (J/mol) \tag{3.57}$$

通过式(3.55)-式(3.56)-式(3.57)可以求得：

$$3CaO(s) + 2[P] + 5[O] == Ca_3(PO_4)_2(s)$$

$$\Delta G_{24}^{\ominus} = -1483704 + 609.45T \quad (J/mol) \tag{3.58}$$

而：

$$CaO(s) + ZrO_2(s) == CaZrO_3(s)$$

$$\Delta G_{25}^{\ominus} = -39300 + 0.42T \quad (J/mol) \tag{3.59}$$

由式(3.58)-3×式(3.59) 得

$$3CaZrO_3(s) + 2[P] + 5[O] == Ca_3(PO_4)_2(s) + 3ZrO_2(s)$$

$$\Delta G_{26}^{\ominus} = -1365804 + 608.19T \quad (J/mol) \tag{3.60}$$

帘线钢液中磷元素的相互作用系数：

$e_P^{Al} = 0$；$e_P^C = 0.13$；$e_P^{Mn} = 0$；$e_P^P = 0.062$；$e_P^S = 0.028$；$e_P^{Si} = 0.12$；$e_P^O = 0.13$。

于是根据下列计算式：

$$\lg f_P = \sum e_i^j w[\%j]$$

$$= e_P^{Al} \times w[\%Al] + e_P^C \times w[\%C] + e_P^{Mn} \times w[\%Mn] + e_P^P \times w[\%P] +$$

$$e_P^S \times w[\%S] + e_P^{Si} \times w[\%Si] + e_P^O \times w[\%O]$$

$$= 0 \times 0.015 + 0.13 \times 0.066 - 0 \times 1.34 + 0.062 \times 0.01 +$$

$$0.028 \times 0.012 + 0.12 \times 0.25 + 0.13 \times 0.0005669$$

$$= 0.03961$$

可以求出帘线钢液中磷元素的活度系数 $f_P = 1.0955$。

$$a_P = f_P \times w[\%P] = 1.0955 \times 0.01 = 0.010955 \qquad (3.61)$$

钢液中氧元素的 $[\%O] = 0.0008005$，$a_{[O]} = 0.0005669$；而：

$$\Delta G_{26} = \Delta G_{26}^{\ominus} + RT\ln\frac{1}{a_{[P]}^2 \cdot a_{[O]}^5}$$

$$= -226664.13 + 8.314 \times 1873\ln\frac{1}{a_{[P]}^2 \cdot a_{[O]}^5}$$

$$= -226664.13 + 8.314 \times 1873\ln\frac{1}{0.010955^2 \cdot 0.0005669^5}$$

$$= 495953.28 J/mol > 0$$

式（3.60）的吉布斯自由能大于零，说明在实验条件下，式（3.60）只能向左进行，即钢液中将产生增磷。这与很多研究结果一致，即在低碱度、有还原剂的条件下，不利于脱磷而是产生增磷。因此在分析熔炼后的钢样成分时发现，钢样中的磷含量不但没有减少，反而都出现了增加；同时钢样中的酸溶铝也出现了明显的降低，可能的原因是实验前被氧化的磷在后面实验过程中发生了还原，使得钢样中的磷出现了增加。根据实验条件分析知道钢样中的磷含量出现了增加，只有可能来源于耐火材料中的磷酸盐结合剂，其加入量约为1%，因此在洁净钢冶炼，特别是在连铸过程中应该严禁使用含磷材料作为耐火材料的结合剂。

3.3 钢液对锆酸钙材料的侵蚀

将冶炼后的锆酸钙坩埚沿坩埚中心线剖开，可以观察锆酸钙坩埚受钢液侵蚀后的宏观情况。锆酸钙坩埚受钢液侵蚀后的剖面如图3.4所示。

从图3.4可以看出锆酸钙材料并没有和钢液发生剧烈反应的现象，说明锆酸钙材料具有良好的抗钢液侵蚀性能。然后在锆酸钙坩埚的侵蚀部位切取小块样块，磨平抛光后利用荷兰产 QUATA400 扫描电镜（scanning electron microscope，SEM）进行试样的微观结构分析，并利用牛津 IE350 型能谱仪观察微区成分。

　　(a) 1号普碳钢　　　　　　　(b) 2号硅钢　　　　　　　(c) 3号帘线钢

图 3.4　钢液侵蚀后锆酸钙坩埚试样的剖面照片

图 3.5~图 3.7 所示分别为锆酸钙坩埚受三种钢样侵蚀后的不同部位的微观结构分析的 SEM 图片和能谱分析结果。

3.3.1　普碳钢对锆酸钙材料的侵蚀分析

　　图 3.5 所示为受普碳钢侵蚀后锆酸钙材料的 SEM 图片。在试样放大 100 倍后观察到普碳钢样与锆酸钙材料接触的表面有明显的反应现象。与钢液接触的锆酸钙材料表层生成了一层灰白色物质，该物质为立方锆酸钙（$CaZr_4O_9$），而且锆酸钙坩埚接触钢液的表层开始变得致密。经图 3.5（b）中铝元素的面扫描分析发现，钢样中的氧化铝通过锆酸钙材料的表面和锆酸钙材料基质中的气孔在高温下与锆酸钙材料反应，生成了一铝酸钙和立方锆酸钙；表面生成的一铝酸钙溶解进入了钢液内部，而材料内部的一铝酸钙则和立方锆酸钙反应生成了低熔点的共生物。从侵蚀层的图片中可以观察到锆酸钙颗粒表面有絮状的白色物质，经放大 1500 倍后，通过图 3.5（e）中 1 点微区的能谱分析发现应为一铝酸钙和立方锆酸钙的共生物，这说明钢液中的氧化铝是造成锆酸钙材料侵蚀分解的主要原因。而分解生成的立方锆酸钙在锆酸钙材料的表面，促进锆酸钙材料的烧结，使材料进一步致密化，从而阻止了钢液通过材料的表面进一步渗透。在材料基质中分解生成的立方锆酸钙和一铝酸钙一起生成低熔物附着在锆酸钙颗粒的表面，促进材料的烧结，使得锆酸钙材料致密化，并阻止钢液通过材料中的气孔进一步渗透。

3.3.2　硅钢对锆酸钙材料的侵蚀分析

　　图 3.6 所示为受硅钢侵蚀后锆酸钙材料的 SEM 图片。试样放大 100 倍后观察到硅钢样与锆酸钙材料接触的表面有非常明显的反应现象。在钢液与锆酸钙材料接触表面层生成的白色矿物为立方锆酸钙（$CaZr_4O_9$），而且表层变得更致密。对图 3.6（b）铝元素面扫描分析发现，是钢样中的氧化铝和二氧化硅在锆酸钙材

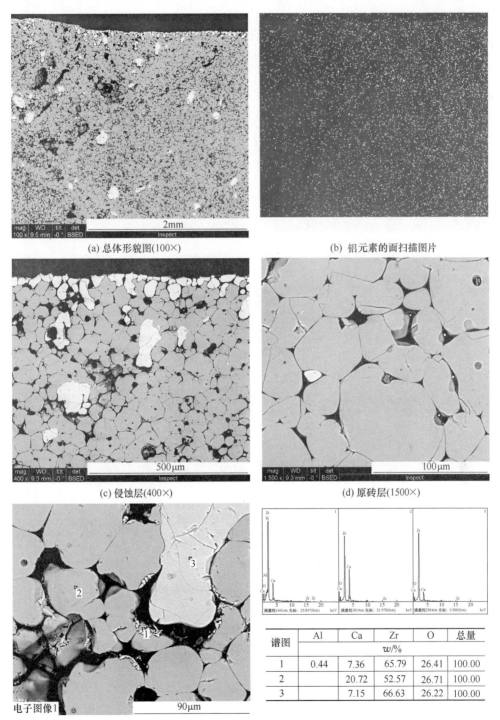

(a) 总体形貌图(100×)　　　　　　(b) 铝元素的面扫描图片

(c) 侵蚀层(400×)　　　　　　　(d) 原砖层(1500×)

谱图	Al	Ca	Zr	O	总量
	\multicolumn{4}{c|}{w/%}	
1	0.44	7.36	65.79	26.41	100.00
2		20.72	52.57	26.71	100.00
3		7.15	66.63	26.22	100.00

电子图像1　　　　　　90μm

(e) 侵蚀层1、2、3点的能谱分析(1500×)

图 3.5　受普碳钢侵蚀后锆酸钙材料的 SEM 微观结构

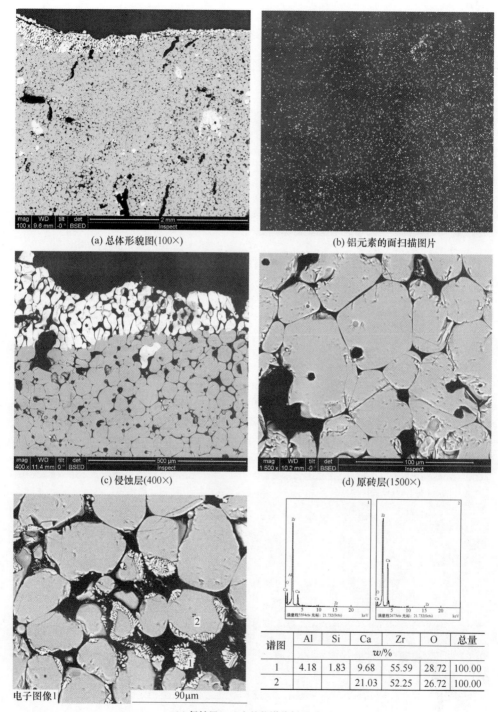

(a) 总体形貌图(100×)

(b) 铝元素的面扫描图片

(c) 侵蚀层(400×)

(d) 原砖层(1500×)

电子图像1

谱图	Al	Si	Ca	Zr	O	总量
	w/%					
1	4.18	1.83	9.68	55.59	28.72	100.00
2			21.03	52.25	26.72	100.00

(e) 侵蚀层1、2点的能谱分析(1500×)

图 3.6　硅钢侵蚀后锆酸钙材料的 SEM 微观结构

料的表面和锆酸钙材料基质的气孔，在高温下与锆酸钙反应生成了低熔点的钙铝硅酸盐类物质和氧化锆；表面的低熔点的钙铝硅酸盐类物质在高温下溶入了钢液中的内部，而锆酸钙材料内部的钙铝硅酸盐类物质则和分解出的立方锆酸钙附着在锆酸钙颗粒的表面，因此在侵蚀层的图片中可以观察到锆酸钙颗粒表面有絮状的白色物质。经放大 1500 倍后，通过图 3.6（e）中 1 点微区的能谱分析发现实际为钙铝硅酸盐类物质和立方锆酸钙的共生物，这说明钢液中的氧化铝和二氧化硅是造成锆酸钙材料侵蚀分解的主要原因。在材料表面分解生成的立方锆酸钙可以附着在锆酸钙材料的表面，促进锆酸钙材料的烧结，起到阻止钢液的进一步渗透的作用；而在材料基质中分解生成的立方锆酸钙会和钙铝硅酸盐类物质一起生成低共熔物，附着在锆酸钙的表面，促进材料的烧结，使得锆酸钙材料致密化，阻止钢液的进一步渗透。

3.3.3 帘线钢对锆酸钙材料的侵蚀分析

图 3.7 所示为受帘线钢侵蚀后锆酸钙材料的 SEM 图片。试样经放大 100 倍后观察到帘线钢样与锆酸钙材料接触的表面没有很明显的反应现象。在钢液与锆酸钙材料接触表面层也生成了白色立方锆酸钙物质（$CaZr_4O_9$），而且与钢液接触的锆酸钙材料表面层开始变得更致密。从图 3.7 中的铝元素的面扫描分析结果可以看出，是钢样中的氧化铝在锆酸钙材料的表面和锆酸钙材料基质的气孔中于高温下与锆酸钙反应生成了一铝酸钙和氧化锆；锆酸钙坩埚接触钢液表面的一铝酸钙溶入钢液中的内部，而锆酸钙材料内部生成的一铝酸钙则和立方锆酸钙生成了低熔点的共生物，附着在锆酸钙材料的表面。因此在锆酸钙材料侵蚀层的图片中可以观察到锆酸钙颗粒表面有絮状白色的物质，经放大 1500 倍由图 3.7（e）中 2 点的微区能谱分析发现为一铝酸钙和立方锆酸钙的共生物，这说明帘线钢中的氧化铝是造成锆酸钙材料侵蚀分解的主要原因，而锆酸钙材料表面分解生成的立方锆酸钙则在材料的表面阻止钢液的进一步渗透；且在锆酸钙材料基质中分解生成的立方锆酸钙和一铝酸钙一起生成低熔物，附着在锆酸钙材料的表面，促进锆酸钙材料的烧结，使得锆酸钙坩埚进一步致密化，从而阻止钢液的渗透。

3.3.4 几种钢样对锆酸钙材料侵蚀的对比分析

综合以上 3 种钢样对锆酸钙试样侵蚀的 SEM 图片可以看出，三种钢样与锆酸钙材料接触的表面发生了明显的反应。锆酸钙材料接触钢液的表层与钢液中的氧化铝和二氧化硅反应后生成了立方锆酸钙，使锆酸钙材料表层变得更为致密。经面扫描分析发现是钢样中的氧化铝和二氧化硅在材料的表面和沿材料中的气孔

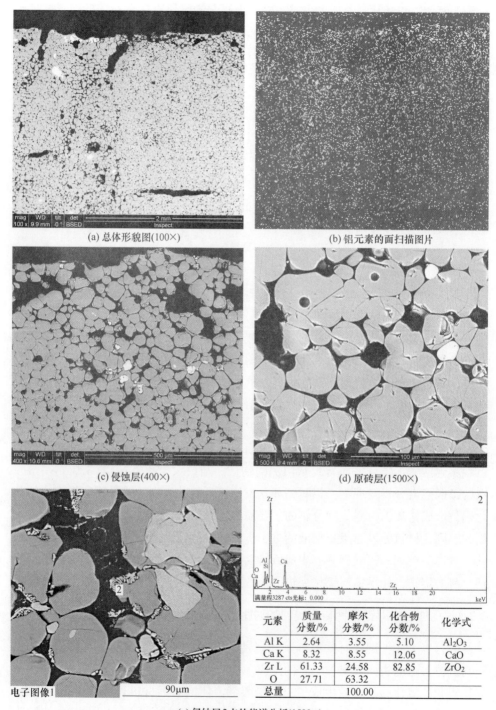

(a) 总体形貌图(100×)

(b) 铝元素的面扫描图片

(c) 侵蚀层(400×)

(d) 原砖层(1500×)

(e) 侵蚀层2点的能谱分析(1500×)

元素	质量分数/%	摩尔分数/%	化合物分数/%	化学式
Al K	2.64	3.55	5.10	Al_2O_3
Ca K	8.32	8.55	12.06	CaO
Zr L	61.33	24.58	82.85	ZrO_2
O	27.71	63.32		
总量	100.00			

图 3.7　帘线钢侵蚀后锆酸钙材料的 SEM 微观结构

在高温下与锆酸钙反应，生成了低熔点的钙铝硅酸盐物质及立方锆酸钙；表面低熔点的钙铝硅酸盐溶入了钢液中，而材料内部的钙铝硅酸盐则和立方锆酸钙附着在锆酸钙颗粒的表面。因此在侵蚀层的图片中可以观察到锆酸钙颗粒表面有絮状白色的物质，实际为钙铝硅酸盐和立方锆酸钙的低熔点共生物，从而促进锆酸钙材料的烧结和进一步致密化。由此可以看出锆酸钙材料对 3 种不同的钢样均具有较强的抗侵蚀性能。

　　为了对比三种钢样对锆酸钙材料坩埚的侵蚀情况，进行了 3 种钢样侵蚀后锆酸钙材料的线扫描分析。图 3.8 所示为锆酸钙材料受三种钢样侵蚀后的线扫描和元素分析图。

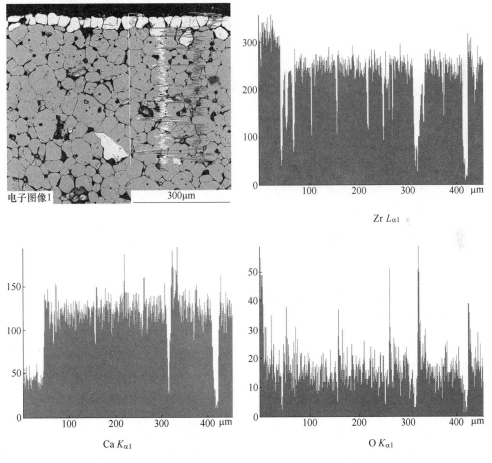

(a) 普碳钢侵蚀后锆酸钙材料的元素分析

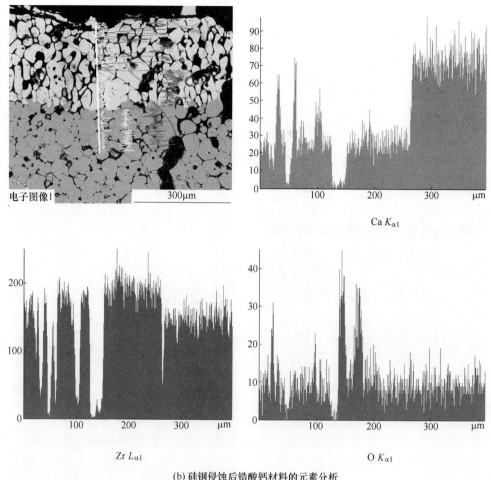

Ca $K_{\alpha 1}$

Zr $L_{\alpha 1}$

O $K_{\alpha 1}$

(b) 硅钢侵蚀后锆酸钙材料的元素分析

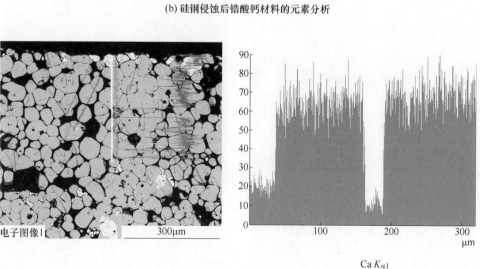

Ca $K_{\alpha 1}$

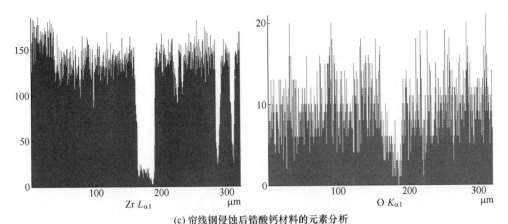

(c) 帘线钢侵蚀后锆酸钙材料的元素分析

图 3.8　三种钢侵蚀后锆酸钙材料的元素分析图

从图 3.8 中可以看出，经 3 种钢样侵蚀后，锆酸钙材料的反应层中钙元素出现了明显减少；锆元素和氧元素基本保持不变。主要原因是发生了如下反应：

$$3Al_2O_3 + 4CaZrO_3 \Longrightarrow 3CaAl_2O_4 + CaZr_4O_9 \tag{3.62}$$

上述反应中生成的一铝酸钙由于熔点较低，高温下为液相，融入钢液中，造成了锆酸钙坩埚表面侵蚀层中氧化钙的减少。对比 3 种钢样的侵蚀后锆酸钙坩埚的侵蚀情况发现锆酸钙材料侵蚀层的深度不同，其中硅钢的侵蚀深度最深，普碳钢次之，帘线钢最差，这与钢液中氧化铝的含量有关。结合表 3.1 中 3 种钢样中金属铝含量的变化，发现硅钢中金属 Al 的变化量最大，为 0.311%（质量分数），其次是普碳钢，为 0.066%（质量分数），最小的是帘线钢，为 0.014%（质量分数）；因此，试验后由于硅钢中生成的氧化铝含量最多，其次是普碳钢，再次为帘线钢，而钢液中氧化铝含量的多少直接影响三种钢液对锆酸钙材料坩埚的侵蚀，所以造成了 3 种钢样对锆酸钙坩埚的侵蚀深度不同。

──────── **本 章 小 结** ────────

本章通过研究锆酸钙材料与钢水之间的相互作用，得出如下结论：（1）锆酸钙材料在钢液中的溶解度极低，不会对钢液产生增氧的影响；锆酸钙材料会和钢液中的杂质元素硫反应，但是不会和钢液中的磷元素反应，因此对钢液有脱硫作用，但是没有脱磷作用。（2）锆酸钙材料可以和钢液中的氧化铝和二氧化硅夹杂物反应生成低熔的钙铝硅酸盐低熔物，所以锆酸钙材料有去除钢液中氧化铝和二氧化硅的能力。（3）锆酸钙材料的脱硫能力来源于锆酸钙材料中锆酸钙固溶体在实验条件下脱溶出的氧化钙。（4）钢液对锆酸钙材料的侵蚀与钢液中氧化铝的含量有直接关系；锆酸钙吸收钢液中氧化铝夹杂物后生成了低熔点的一铝酸钙和立方锆酸钙，促使锆酸钙材料进一步致密化，阻止钢液和夹杂物的渗透侵蚀；锆酸钙材料对 3 种钢样的钢液均具有较强的抗侵蚀性。

4 ZrO₂ 引入种类对 MgO · CaO-ZrO₂ 性能的影响

ZrO₂ 应用在 MgO-CaO 质耐火材料中的时间不长，最初引入 ZrO₂ 的目的是利用 ZrO₂ 相变增韧原理来提高 MgO-CaO 质耐火材料的热震稳定性，其研究方向多从锆英石（$ZrO_2 \cdot SiO_2$）的粒度角度出发。本章将不同种类 ZrO₂ 细粉引入镁钙砂中合成 MgO · CaO-ZrO₂ 材料，在基质中合成 CaZrO₃，降低游离 CaO 的含量，减轻镁钙砖的水化问题；并且探讨此种方法合成的 MgO · CaO-ZrO₂ 材料性能的影响因素及制备工艺。

4.1 实验

4.1.1 实验原理

在方镁石中引入 CaO 和 ZrO₂ 后，因为生成锆酸钙而提高了材料的抗侵蚀性。另外，ZrO₂ 发生马氏体相变的体积效应以及对方镁石晶体长大的促进作用，可以改善耐火材料的抗热震性。采用合理的配方和制造工艺，可以制得以方镁石为主晶相，以 CaO · ZrO₂ 及 C_3S 等为第二相的 MgO · CaO-ZrO₂ 耐火材料。该材料可以克服镁白云石制品易水化的缺点和热导率高的不足。

图 4.1 所示为 MgO-CaO-ZrO₂ 系相图。从图 4.1 可知，其最低共熔点温度 E_2 与 E_3 分别高达 1960℃ 与 1990℃。表明 MgO-CaO-ZrO₂ 材料的耐火性能很好。此外，MgO-CaO-ZrO₂ 材料不只是热稳定性和抗渗透性好，抗水化能力也明显改善，因而其适用性和耐用性都比较好。

4.1.2 实验原料与配比

实验以 F-ZrO₂、M-ZrO₂、D-ZrO₂、镁钙砂、镁砂为原料，其化学成分见表4.1。配比方案见表4.2。

4.1.3 实验过程

将 D-ZrO₂、F-ZrO₂ 和 M-ZrO₂ 以 3% 的加入量与镁粉预混，然后按照配比方案进行配比，以石蜡为结合剂，在小型混砂机中混合。混匀后在液压机上以

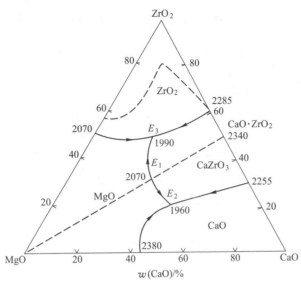

图 4.1 MgO-CaO-ZrO₂ 三元系相图

表 4.1 原料化学成分 （%）

原料	SiO₂	Al₂O₃	Fe₂O₃	CaO	MgO	I. L.	ZrO₂
镁钙砂	1.11	0.57	1.01	21.58	71.81	3.92	—
D-ZrO₂	3	0.6	0.3	0.2	—	—	90
F-ZrO₂	0.3	0.3	0.1	3.8	—	—	95
M-ZrO₂	0.7	0.5	0.05	—	—	—	98
镁砂粉	0.92	0.18	0.58	1.73	96.10	0.49	—

表 4.2 配比方案

名 称	镁钙砂		镁砂粉	D-ZrO₂	F-ZrO₂	M-ZrO₂
粒度/mm	3-1	1-0	0.074	0.045	0.045	0.045
比例/%	55	25	20	—	—	—
	55	25	17	3	—	—
	55	25	17	—	3	—
	55	25	17	—	—	3

200MPa 的压力成型出 φ50mm×50mm 的试样，在 110℃ 干燥 24h 后放入高温炉内进行烧成，分别于 1500℃、1550℃、1600℃ 和 1650℃ 下保温烧成 2h。待试样冷却后，采用排水法测定其显气孔率和体积密度，并对试样的常温耐压强度进行检测，同时对试样进行 XRD 和 SEM 分析。

4.2　ZrO_2 引入种类对 $MgO \cdot CaO\text{-}ZrO_2$ 性能影响分析

4.2.1　ZrO_2 引入种类对 $MgO \cdot CaO\text{-}ZrO_2$ 常温性能的影响

　　材料的气孔率、体积密度与常温耐压强度是评价耐火原料的重要指标。气孔率与体积密度关系密切，它除反映耐火材料的烧结程度外，还与原料的其他性能，如机械强度、热膨胀、抗渣性及导热性有关。体积密度直观地反映出耐火材料的致密程度。还有一个要考虑的因素就是材料的常温强度。耐火材料在应用时要具备抵抗应力引起的龟裂、剥离损伤的能力，即有一定的耐压性能。

　　试样常温性能平均值见表 4.3。

表 4.3　试样常温性能平均值

试样编号	显气孔率/%	体积密度/$g \cdot cm^{-3}$	常温耐压强度/MPa
M1	18	2.84	70
M2	17	2.88	89
M3	16.8	2.96	97
M4	16	2.99	100
D1	14.7	2.97	104
D2	14.3	2.99	110
D3	13.9	3.04	117
D4	13	3.06	120
F1	15.1	2.96	94
F2	14.8	2.98	100
F3	14.5	3.01	109
F4	13.8	3.04	112
K1	15.3	2.92	90
K2	15	2.96	99
K3	14.8	2.98	105
K4	14	3.00	109

　　注：1—1500℃；2—1550℃；3—1600℃；4—1650℃。

　　由表 4.3 可以看出，虽然所有试样所含 ZrO_2 的量相同，但是由于所用的是三种不同的 ZrO_2，其常温性能就有了很大的不同。$M\text{-}ZrO_2$ 合成试样的显气孔率最大，而 $D\text{-}ZrO_2$ 合成试样的显气孔率最小，$F\text{-}ZrO_2$ 合成试样的显气孔率居中且低于空白试样。其体积密度和耐压强度也存在这样的关系。分析原因，是由于 $MgO \cdot CaO\text{-}ZrO_2$ 材料的烧结虽然为固相烧结，但少量的液相会促进其烧结程度。

三种 ZrO$_2$ 中杂质的含量不同，因此在实验温度下烧结时生成的液相量也就不同，导致试样的烧结程度不同（见 4.2.5 节），具体就表现为试样的常温性能即试样的显气孔率、体积密度、常温耐压强度有所差异。三种 ZrO$_2$ 原料的纯度为 D-ZrO$_2$<F-ZrO$_2$<M-ZrO$_2$，因此由 D-ZrO$_2$ 合成的 MgO-CaO-ZrO$_2$ 材料的常温性能最好，由 M-ZrO$_2$ 合成的 MgO-CaO-ZrO$_2$ 材料常温性能最差，与实验结果相符。

4.2.2　合成温度对 MgO·CaO-ZrO$_2$ 材料结构和性能的影响

在烧成过程中，主要发生以下反应：

（1）水分的排除和微量 CaO 水化产物 Ca(OH)$_2$ 及其他氢氧化物结构水的排出。

（2）结合剂及有机物烧失。放出大量气体，制品气孔率增大，结合力弱，升温缓慢。

（3）ZrO$_2$ 与 MgO、CaO 反应。在有 MgO、CaO 存在时，ZrO$_2$ 在低于 1000℃ 会发生反应：2MgO+ZrO$_2$·SiO$_2$ ——→2MgO·SiO$_2$+ZrO$_2$。

（4）1500～1650℃，MgO 晶格缺陷得到校正，晶粒逐渐发育长大，组织结构致密，形成方镁石，且形成高温直接结合固相；1500℃ 时 CaZrO$_3$ 晶粒发育不好，还存在结构缺陷；1550℃ 开始长大，致密度提高；1650℃ 时 CaZrO$_3$ 晶粒粗大，以圆球状存在，晶形发育较好。

图 4.2 所示为 ZrO$_2$-CaO 二元相图。由相图可知生成 CaZrO$_3$ 反应的温度较低，具体反应过程如下：CaO+ZrO$_2$ ——→CaO·ZrO$_2$ 或 CaO+4ZrO$_2$ ——→CaO·4ZrO$_2$。

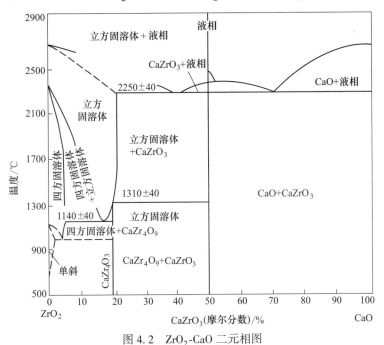

图 4.2　ZrO$_2$-CaO 二元相图

$$ $$

由于 $CaZrO_3$ 和 $CaZr_4O_9$、MgO 都是高熔点化合物，它们的致密化烧结要在很高的温度下才能进行，所以整个合成料的致密化烧结也需要很高的温度。本次实验中，原料中的主要杂质 Al_2O_3、SiO_2，生成少量的液相，所以合成料的烧结属于有少量液相参与的固相烧结。

随着温度的升高，方镁石和锆酸钙等高熔点物相结合更紧密；同时，主晶相的间隙中填充的熔点较高的物相也发育较好，少量液相填充了其中的空隙，所以随着温度的升高，试样的气孔率下降、体积密度增大、制品致密化、烧结性较好。图 4.3 所示为试样的显气孔率、体积密度及耐压强度与烧成温度的关系。从图中可以看出，以 3 种不同 ZrO_2 合成的试样，其显气孔率随着烧成温度的升高逐渐降低，体积密度和常温耐压强度逐渐增大。在 1650℃ 时以 3 种不同 ZrO_2 合成的试样显气孔率最低，体积密度和耐压强度最高。

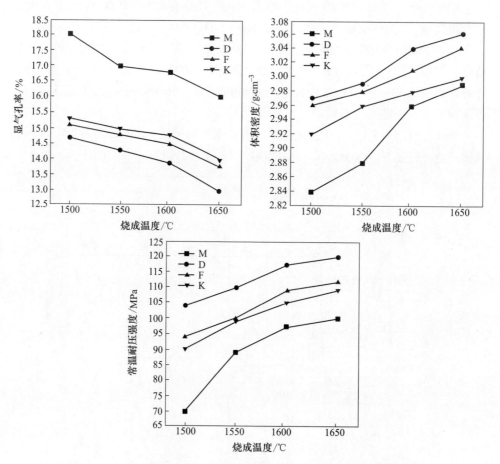

图 4.3　试样的显气孔率、体积密度及耐压强度与烧成温度的关系图

4.2.3 合成试样的矿物相组成

4.2.3.1 MgO-CaO-ZrO₂-SiO₂ 四元系物相组成的理论分析

　　MgO-CaO-ZrO₂-SiO₂ 系四元相平衡图是 ZrO₂ 复合 MgO 质耐火材料（也包括 ZrO₂ 复合 MgO-CaO 质耐火材料）生产和使用时最基本的依据。S. 德阿扎（deAza）、C·里奇蒙（Riehmond）和 J·怀特（White，1974）等研究过 MgO-CaO-ZrO₂-SiO₂ 四元系中以 MgO 为第一相的相组成。图 4.4 所示为由顶角把 MgO 初晶体边界面向底面三角形 CaO-ZrO₂-SiO₂ 的锥形投影。由图中可以看出该边界面上的液相界线、无变点、液相等温线和被液相边界线划定的第二相（MgO 为第一相）结晶区。上角小插图中是该四元系统以 MgO 为第一相的 6 个组成四面体。这 6 个相组合和它们的固化温度见表 4.4。由表中可以看出，以 CaO-ZrO₂ 为第二相并含 CaO 和 2CaO·SiO₂ 的相组合（4）在 1650℃ 以下可以形成液相。

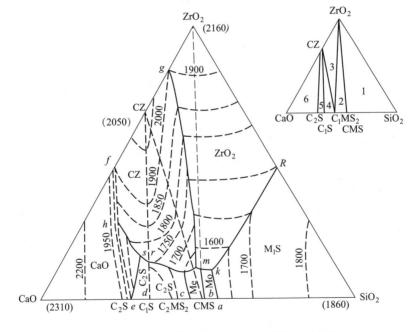

图 4.4　MgO 初晶体边界面在底面三角形上的投影

无变点温度　a—1502℃；b—1498℃；c—1575℃；d—1796℃；
e—1850℃；f—1900℃；g—1900℃；h—1950℃；
k—1485℃；m—1470℃；n—1475℃；p—1555℃；
r—1710℃；s—1740℃

表 4.4　$MgO\text{-}CaO\text{-}ZrO_2\text{-}SiO_2$ 系统中以 MgO 为第一相的相组合

	相组合	矿物组成	固化温度/℃
1	MgO, ZrO_2	$2MgO \cdot SiO_2$, $CaO \cdot MgO \cdot SiO_2$	1485
2	MgO, ZrO_2	$CaO \cdot MgO \cdot SiO_2$, $3CaO \cdot MgO \cdot 2SiO_2$	1470
3	MgO, ZrO_2	$CaO \cdot ZrO_2$, $3CaO \cdot MgO \cdot 2SiO_2$	1475
4	MgO, $CaO \cdot ZrO_2$	$3CaO \cdot MgO \cdot 2SiO_2$, $2CaO \cdot SiO_2$	1555
5	MgO, $CaO \cdot ZrO_2$	$2CaO \cdot SiO_2$, $3CaO \cdot SiO_2$	1710
6	MgO, $CaO \cdot ZrO_2$	$3CaO \cdot SiO_2$, CaO	1740

关于 $MgO\text{-}CaO\text{-}ZrO_2$ 材料中 ZrO_2 的形态，据资料报道 ZrO_2 复合 MgO 质耐火材料中 ZrO_2 的赋存状态取决于材料中的 CaO/SiO_2 比，并存在下述两种情况：

（1）CaO/SiO_2（摩尔比，下同）$\leqslant 1.5$。当 $0 \leqslant CaO/SiO_2 \leqslant 1.5$ 时，CaO 和 SiO_2 同材料中一部分 MgO 结合生成 $2MgO \cdot SiO_2$ 和 $CaO \cdot MgO \cdot SiO_2$ 或 $CaO \cdot MgO \cdot SiO_2$ 和 $3CaO \cdot MgO \cdot 2SiO_2$（临界状态，即当 $CaO/SiO_2 = 0$ 仅生成 $2MgO \cdot SiO_2$，当 $CaO/SiO_2 = 1$ 仅生成 $CaO \cdot MgO \cdot SiO_2$，当 $CaO/SiO_2 = 1.5$ 仅生成 $3CaO \cdot MgO \cdot SiO_2$）。在这种条件下，$ZrO_2$ 不会同材料内的 MgO、CaO 反应生成任何其他的化合物，而是全部以独立的 ZrO_2 相存在于材料之中。

（2）$CaO/SiO_2 > 1.5$。当 $MgO\text{-}ZrO_2$ 系材料中的 $CaO/SiO_2 > 1.5$ 时，SiO_2 会与部分 CaO 和 MgO 结合为 $3CaO \cdot MgO \cdot 2SiO_2$，多余的 CaO 则同 ZrO_2 结合为 $CaO \cdot ZrO_2$，一直到 ZrO_2 全部消耗掉（在 CaO 足够时）为止。

4.2.3.2　$MgO \cdot CaO\text{-}ZrO_2$ 材料的物相组成

根据上面的理论分析，$MgO \cdot CaO\text{-}ZrO_2$ 物相组成最好能位于高熔点固相直接结合范围内，这样试样具有较好的高温性能。在本次实验中，通过对烧成试样的分析，发现以方镁石和锆酸钙为主晶相的物相组成高温性能较好，主要影响高温性能的因素是杂质中的 SiO_2 在基质中形成的低熔点矿物。

图 4.5～图 4.8 所示为合成试样分别在 1500℃、1550℃、1600℃、1650℃时的 XRD 图。

从图 4.5～图 4.8 可以看出，合成试样的矿物组成主要为 MgO、$CaZrO_3$ 和 CaO。由于 CaO 过量，根据上面的理论分析，因此可以断定 ZrO_2 全部参加反应，生成 $CaZrO_3$。图 4.5～图 4.8 中，$M\text{-}ZrO_2$ 合成的试样中 $CaZrO_3$ 的衍射峰都没有 $F\text{-}ZrO_2$ 和 $D\text{-}ZrO_2$ 合成试样的多，说明不同种类 ZrO_2 合成的 $CaZrO_3$ 量不同。随着烧成温度的升高，各合成试样中 $CaZrO_3$ 矿物相的衍射峰值在增大，并且 $CaZrO_3$ 的生成量也随之增多。说明随着温度的升高，烧结反应越彻底，生成的

CaZrO$_3$ 量也越多。1650℃时 D-ZrO$_2$ 合成试样的 CaZrO$_3$ 衍射峰值最大，说明在此条件下 D-ZrO$_2$ 与 CaO 反应最彻底，最完善。

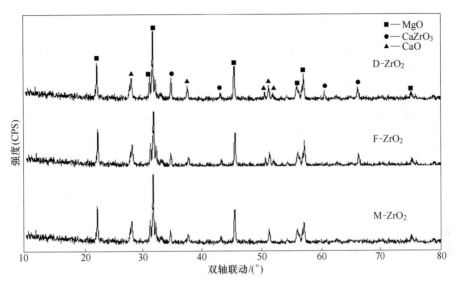

图 4.5　1500℃合成试样的 XRD 图

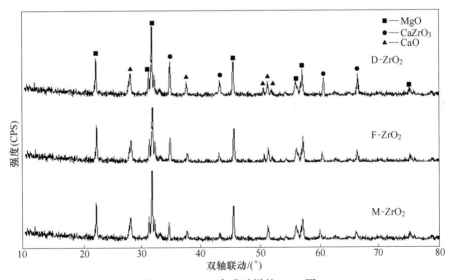

图 4.6　1550℃合成试样的 XRD 图

此外，CaO/ZrO$_2$ 对合成材料的生成相和性能也有很大影响。实验采用的原料配比中 CaO/ZrO$_2$ 比值在 5.9~6.4 之间，均大于 1，即合成料中存在着过量的 CaO。CaO 过量时产生的作用可能有下面几点：（1）在 CaO 和 ZrO$_2$ 生成 CaZrO$_3$ 的固相反应中，根据金斯特林反应扩散模型，反应体系中 CaO 的熔点（2570℃）

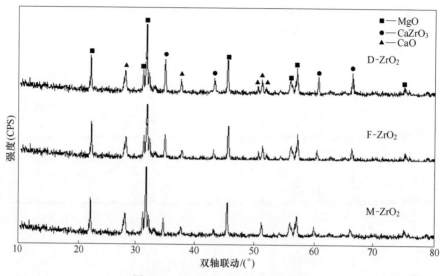

图 4.7   1600℃ 合成试样的 XRD 图

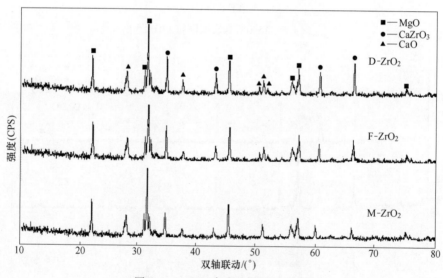

图 4.8   1650℃ 合成试样的 XRD 图

低于 ZrO₂ 的熔点（2700℃），因此 CaO 颗粒可以通过表面扩散包覆在 ZrO₂ 颗粒的表面；（2）过量的 CaO 会使得其与 ZrO₂ 颗粒的接触机会和反应截面增大，产物层变薄，相应的反应速度也随之增大；（3）从固相烧结的角度来讲，过量 CaO 的存在，也有利于 Zr^{4+} 和 Ca^{2+} 通过晶界的扩散迁移，促进 CaZrO₃ 的长大；（4）另外过量 CaO 的存在不可避免地与方镁石产生固溶，这也有利于方镁石晶粒的长大。

4.2.4　显微结构

图 4.9 所示为三种氧化锆合成的试样在 1500℃ 烧成的显微图片，图 4.10 所示为三种氧化锆合成的试样在 1550℃ 烧成的显微图片，图 4.11 所示为三种氧化锆合成的试样在 1600℃ 烧成的显微图片，图 4.12 所示为三种氧化锆合成的试样在 1650℃ 烧成的显微图片。

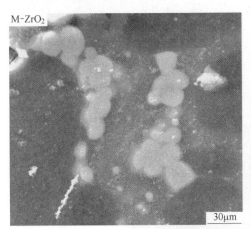
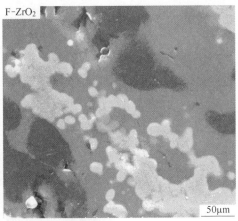
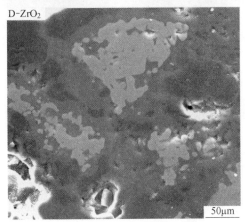

图 4.9　1500℃ 烧成的试样的显微图片

从图 4.9 可以看出 MgO（深色）、CaO（浅灰色）和 $CaZrO_3$（白色）的分布状态。三种氧化锆在 CaO 区域均生成 $CaZrO_3$，$M\text{-}ZrO_2$ 合成试样中 $CaZrO_3$ 呈球状，清晰可见 $CaZrO_3$ 晶体间的晶界，生成量少；$F\text{-}ZrO_2$ 合成试样中 $CaZrO_3$ 生成量较多，连成一片，局部区域也能够看到 $CaZrO_3$ 晶体间的晶界；$D\text{-}ZrO_2$ 合成试样中 $CaZrO_3$ 生成量最多，$CaZrO_3$ 晶体连成一片，看不到 $CaZrO_3$ 晶体间的晶界。说明在此温度下，锆酸钙能够形成，但是晶体处于发育初期。

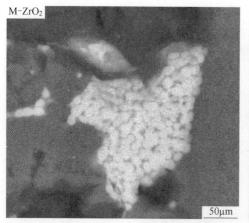

图 4.10　1550℃烧成的试样的显微图片

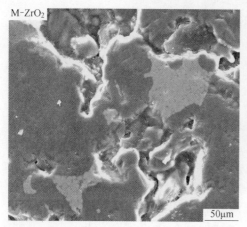
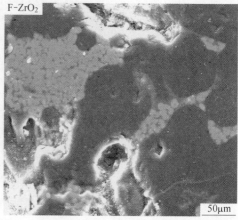

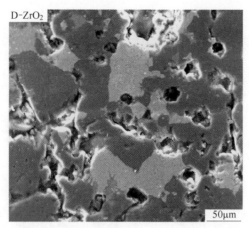

图 4.11　1600℃烧成的试样的显微图片

从图 4.10 可见 CaZrO₃ 的生成量明显增多，在 F-ZrO₂ 和 D-ZrO₂ 合成的试样中，CaZrO₃ 晶体几乎充填了整个 CaO 区域，CaZrO₃ 晶粒尺寸大小相差不大，几乎成为等径球体。CaZrO₃ 与方镁石晶体间的晶界十分明显，两者没有发生反应。

从图 4.11 三幅图片中可知 CaZrO₃ 的生成量进一步增加，所有生成的 CaZrO₃ 均填充在 CaO 区域，与方镁石晶体的晶界更加明显。而球状 CaZrO₃ 晶体在这里得到了充分体现。

图 4.12 为 1650℃烧成的试样的显微图片。从中可以看出 CaZrO₃ 的生成量达到最大值，并且其分布都较为均匀，晶粒大小也很一致。尤以 D-ZrO₂ 合成的试样最佳。

综合试样在不同温度下的 SEM 照片可以看到，三种 ZrO₂ 在不同的温度下都生成了 CaZrO₃，只是 CaZrO₃ 的生成量和晶粒大小不一。在 1500℃烧成的制品，MgO 晶格缺陷得到校正，晶粒逐渐发育长大，组织结构致密，形成方镁石，且形成高温直接结合固相，CaZrO₃ 晶粒发育不好，还存在结构缺陷，粒径较小，晶粒紧密地排列在一起，连成了一片，但还可以看到其中的界面，晶粒的边界不整齐；1550℃时方镁石和 CaZrO₃ 都开始长大，致密度提高，直接结合加强，晶粒的边界趋于规则，发育较好，有些地方方镁石和 CaZrO₃ 相互包围，相的分布较好；到 1650℃时，方镁石和 CaZrO₃ 晶粒粗大，CaZrO₃ 颗粒以多边形颗粒存在，晶粒边界清晰，晶形发育完好，晶粒进一步长大，晶粒间的接触更为紧密，其显微结构特点与试样具有高体积密度的体现是一致的。这样的显微结构的形成是由于烧成温度的升高，离子活性大，可动性大，易于克服势垒，导致缺陷的消除，形成正常的晶格结构；同时，晶界移动的速度加快，晶体就会逐渐长大，从而在宏观上表现为试样性能的提高。

从图中还可以看到，在 1650℃高温下烧成的试样的方镁石颗粒和 CaZrO₃ 颗粒完全结合在一起，直接结合程度很高。在主晶相间没有低熔点化合物的填隙，

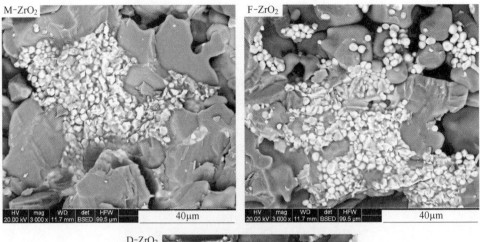

图 4.12   1650℃烧成的试样的显微图片

这有利于制品的高温性能的改善；同时，由于直接结合程度高和制品的致密度高，试样的抗渗透性及抗侵蚀性能也得到了提高。

4.2.5   杂质的影响

合成试样的烧结性能反映在显气孔率、体积密度和常温耐压强度上。从前面的数据分析可以看出，烧成温度对于试样的烧结性能影响很大。随着烧成温度的升高，试样的显气孔率在降低，体积密度和常温耐压强度在增大。三种氧化锆合成的 $MgO \cdot CaO$-ZrO_2 材料的显气孔率、体积密度和常温耐压强度有很大差别。造成此差别的主要原因是，合成 $MgO \cdot CaO$-ZrO_2 材料的烧结是有少量液相参与的固相烧结。这里的液相指制备合成料时所用原料不可避免地带入的一些杂质，主要是 ZrO_2 中含有的 SiO_2，其含量在 0.3%~3%之间；Al_2O_3 的含量在 0.3%~

0.6%之间。这些杂质在烧结时形成的液相，对合成料的烧结起到促进作用。
图4.13所示为由 $M\text{-}ZrO_2$ 合成的试样在1650℃烧成的显微照片，图4.14 所示为
由 $F\text{-}ZrO_2$ 合成的试样在1650℃烧成的显微照片，图4.15 所示为由 $D\text{-}ZrO_2$ 合成
的试样在1650℃烧成的显微照片。试样的微区分析结果显示，这些杂质相主要分
布在 $CaZrO_3$ 晶粒间，其存在对合成料的烧结起到一定的促进作用。在烧成过程
中形成的低熔点矿物，由于液相的存在使得固体之间有了"桥梁"，这个"桥
梁"在烧结过程中起到牵拉两个质点的作用，随着温度的升高，液相的黏度变
小，牵拉力更大。由于 Zr^{4+} 半径比 Ca^{2+} 和 Mg^{2+} 半径大，当向 $MgO\text{-}CaO$ 系中引入
ZrO_2 时 Zr^{4+} 将取代 Ca^{2+}，发生不等价取代，致使晶格畸变，缺陷增加，有利于
阳离子结构基元的移动，缺陷形成过程如下：

$$ZrO_2 \xrightarrow{CaO} Zr_{Ca''} + V_{Ca''} + 2O_o \qquad (4.1)$$

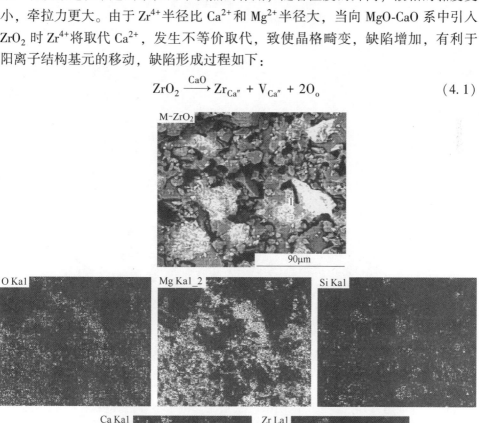

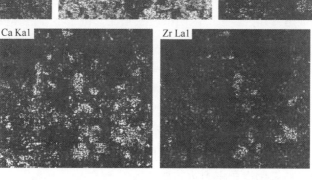

图4.13 由 $M\text{-}ZrO_2$ 合成的试样在1650℃烧成的显微照片

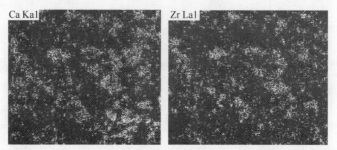

图 4.14　由 F-ZrO₂ 合成的试样在 1650℃烧成的显微照片

　　由扩散理论可知，扩散与缺陷浓度成正比。由于不等价置换的形成，导致阳离子空位增加，而这必将促进 Ca²⁺ 离子的扩散，从而引起 MgO 晶粒生长活化能的降低。同时从另外一侧面也说明 Ca²⁺ 离子的扩散控制着镁白云石中 MgO 晶体的生长。

　　三种氧化锆含有 SiO₂ 的量不同，在烧结过程中形成液相量的多少就不同。根据表 4.5、表 4.6、表 4.7 给出的元素含量，可以计算出三种 ZrO₂ 中所含的 SiO₂ 均与玻璃相形成了钙镁橄榄石（1490℃）低熔点相。其中 D-ZrO₂ 含 SiO₂ 最多，所以在三种氧化锆合成 MgO·CaO-ZrO₂ 材料中，D-ZrO₂ 合成试样的烧结性能最好。

图 4.15 由 D-ZrO₂ 合成的试样在 1650℃ 烧成的显微照片

表 4.5 图 4.13 中点 1 的元素含量

元 素	含量/%	存在形式
Mg K	7.30	MgO
Al K	1.10	Al₂O₃
Si K	17.00	SiO₂
Ca K	35.58	CaO
O	39.02	

表 4.6　图 4.14 中点 1 的元素含量

元　素	含量/%	存在形式
Mg K	7.35	MgO
Al K	1.00	Al_2O_3
Si K	17.01	SiO_2
Ca K	35.60	CaO
O	39.04	

表 4.7　图 4.15 中点 1 的元素含量

元　素	含量/%	存在形式
Mg K	7.35	MgO
Al K	1.12	Al_2O_3
Si K	17.98	SiO_2
Ca K	35.61	CaO
O	38.94	

────────── **本 章 小 结** ──────────

通过本章研究的引入不同种类 ZrO_2 对 MgO·CaO-ZrO_2 材料性能的影响，可以得出如下结论：

（1）M-ZrO_2、F-ZrO_2 和 D-ZrO_2 加到镁钙砂中合成 MgO·CaO-ZrO_2 材料均能反应生成 $CaZrO_3$。不同的配料体系合成的 MgO·CaO-ZrO_2 材料具有不同的反应烧结性能。其中镁钙砂+镁砂粉+D-ZrO_2 这一反应体系合成的材料具有最好的烧结活性，这与不同种类 ZrO_2 自身的特性有关。主要是由于三种氧化锆含有的 SiO_2 量不同，因此在烧结过程中形成的液相量也多少不同。根据计算，三种 ZrO_2 中所含的 SiO_2 均与玻璃相形成了钙镁橄榄石（1490℃）低熔点相。其中 D-ZrO_2 含 SiO_2 最多，所以在三种氧化锆合成 MgO·CaO-ZrO_2 材料中，D-ZrO_2 合成试样的烧结性能最好，活性稍大，试样烧结程度最大。通过对烧成试样进行 SEM 和 XRD 分析发现，由 D-ZrO_2 合成的试样中 $CaZrO_3$ 生成量最多。

（2）三种不同种类的二氧化锆对 MgO·CaO-ZrO_2 材料烧结性能都有促进作用，但是每种二氧化锆的促进效果不一样。通过对比得出，D-ZrO_2 合成 MgO·CaO-ZrO_2 材料的显气孔率最低，体积密度和常温耐压强度最大。

（3）温度对 MgO·CaO-ZrO_2 材料的常温性能有很重要的影响。试样的显气孔率随着烧成温度的升高而逐渐降低，体积密度和常温耐压强度逐渐增大。在本次实验中，烧成温度为 1650℃ 时试验的常温性能最好。此外，温度也是制品烧成过程中一个重要的影响因素，在低于 1500℃ 时晶粒发育不好，粒径较小；1550℃ 时晶粒开始长大，致密度提高，直接结合加强；在 1650℃ 时晶形发育完好，晶粒尺寸均匀，直接结合程度很高，因此制品的烧成温度选在 1650℃。

（4）CaO/ZrO_2 对合成材料的生成相和性能也有很大影响。实验采用的原料配比中 CaO/ZrO_2 比值在 5.9~6.4 之间，均大于 1，即合成料中存在着过量的 CaO。过量的 CaO 在反应过程中主要起到的作用有：1）增大相应的反应速度；2）有利于 Zr^{4+} 和 Ca^{2+} 通过晶界的扩散迁移，促进 $CaZrO_3$ 的长大；3）CaO 过量不可避免地会与方镁石产生固溶，这也有利于方镁石晶粒的长大。

5   MgO·CaO-DZrO$_2$ 材料的合成与性能

近年来，国内不锈钢消费量增长迅速，不锈钢产业快速持续发展，许多钢铁公司已投资或正准备投资新建、改扩建不锈钢生产线。随着烧成镁钙砖在炉外精炼 AOD、VOD 炉上的成功应用，MgO-CaO 质耐火材料的市场需求量日益加大。由于镁钙砖本身所固有的特点——含有游离 CaO，导致镁钙砖水化，缩短了镁钙砖的储存期。另外，在风眼区使用的镁钙砖抗侵蚀性差，导致 AOD 炉由于此区域耐材问题而停炉，降低了整体耐材的使用寿命，增加了生产周期，减缓了生产节奏。

本章在第 4 章研究的基础上，通过研究改变 D-ZrO$_2$ 的含量、成型压力和烧成温度，系统地考察影响 MgO·CaO-DZrO$_2$ 材料性能的因素，希望确定最佳的生产 MgO·CaO-DZrO$_2$ 材料的工艺参数，为 MgO·CaO-DZrO$_2$ 材料的生产提供生产指导和基础理论数据。

5.1   实验

5.1.1   实验原料及配比

实验以 D-ZrO$_2$、镁钙砂、镁粉为原料。原料的化学分析见表 5.1，配比见表 5.2。

表 5.1   原料化学组成 　　　　　　　　　　　　　　　　（%）

原料名称	SiO$_2$	Al$_2$O$_3$	Fe$_2$O$_3$	CaO	MgO	I. L.	ZrO$_2$
镁钙砂	1.11	0.57	1.01	21.58	71.81	3.92	
D-ZrO$_2$	3	0.6	0.3	0.2	—	—	90
镁粉	0.92	0.18	0.58	1.73	96.10	0.49	

表 5.2   配比方案

名　称	镁钙砂		镁粉	D-ZrO$_2$
粒度/mm	3-1	1-0	0.074	0.045

续表 5.2

名　　称	镁钙砂		镁粉	D-ZrO$_2$
比例/%	65	15	17	3
			16	4
			15	5
			14	6

5.1.2　实验过程

将 3%、4%、5%、6% 的 D-ZrO$_2$ 与镁粉预混，然后按照配比方案进行配比，以石蜡为结合剂，在小型混砂机中混合。混匀后在液压机上分别在 120MPa、160MPa、200MPa、240MPa 的压力下成型出 ϕ50mm×50mm 的试样，在 110℃ 干燥 24h 后放入高温炉内进行烧成，分别于 1550℃、1600℃、1650℃ 和 1700℃ 下保温烧成 2h。待试样冷却后，采用排水法测定其显气孔率和体积密度，对试样的常温耐压强度、高温抗弯强度和 3 次水冷后残余耐压强度进行检测，同时对试样进行 XRD 和 SEM 分析。试样编号见表 5.3：D$_3$ 为 3% D-ZrO$_2$，D$_4$ 为 4% D-ZrO$_2$，D$_5$ 为 5% D-ZrO$_2$；D$_6$ 为 6% D-ZrO$_2$；1 为 1550℃，2 为 1600℃，3 为 1650℃；4 为 1700℃；-1 为 120MPa，-2 为 160MPa，-3 为 200MPa，-4 为 240MPa。

表 5.3　试样编号

试样编号		成型压力/MPa			
		120	160	200	240
氧化锆含量（质量分数）/%	3	D$_3$1-1、D$_3$2-1	D$_3$1-2、D$_3$2-2	D$_3$1-3、D$_3$2-3	D$_3$1-4、D$_3$2-4
		D$_3$3-1、D$_3$4-1	D$_3$3-2、D$_3$4-2	D$_3$3-3、D$_3$4-3	D$_3$3-4、D$_3$4-4
	4	D$_4$1-1、D$_4$2-1	D$_4$1-2、D$_4$2-2	D$_4$1-3、D$_4$2-3	D$_4$1-4、D$_4$2-4
		D$_4$3-1、D$_4$4-1	D$_4$3-2、D$_4$4-2	D$_4$3-3、D$_4$4-3	D$_4$3-4、D$_4$4-4
	5	D$_5$1-1、D$_5$2-1	D$_5$1-2、D$_5$2-2	D$_5$1-3、D$_5$2-3	D$_5$1-4、D$_5$2-4
		D$_5$3-1、D$_5$4-1	D$_5$3-2、D$_5$4-2	D$_5$3-3、D$_5$4-3	D$_5$3-4、D$_5$4-4
	6	D$_6$1-1、D$_6$2-1	D$_6$1-2、D$_6$2-2	D$_6$1-3、D$_6$2-3	D$_6$1-4、D$_6$2-4
		D$_6$3-1、D$_6$4-1	D$_6$3-2、D$_6$4-2	D$_6$3-3、D$_6$4-3	D$_6$3-4、D$_6$4-4

5.2　MgO·CaO-DZrO₂ 材料性能

5.2.1　加入量对 MgO·CaO-DZrO₂ 性能的影响

5.2.1.1　显气孔率与体积密度

图 5.1 所示为 120MPa 成型压力下 D-ZrO₂ 含量与显气孔率和体积密度的关系；图 5.2 所示为 160MPa 成型压力下 D-ZrO₂ 含量与显气孔率和体积密度的关系；图 5.3 所示为 200MPa 成型压力下 D-ZrO₂ 含量与显气孔率和体积密度的关系；图 5.4 所示为 240MPa 成型压力下 D-ZrO₂ 含量与显气孔率和体积密度的关系。

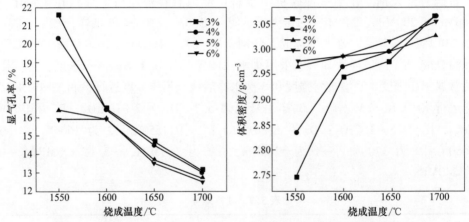

图 5.1　120MPa 成型压力下 D-ZrO₂ 含量与显气孔率和体积密度的关系

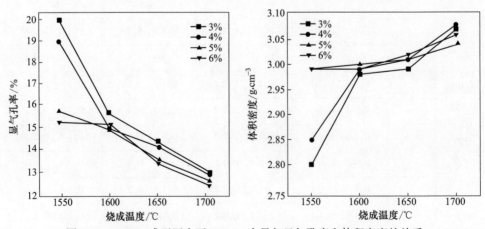

图 5.2　160MPa 成型压力下 D-ZrO₂ 含量与显气孔率和体积密度的关系

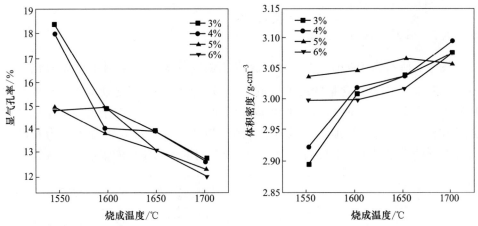

图 5.3 200MPa 成型压力下 D-ZrO$_2$ 含量与显气孔率和体积密度的关系

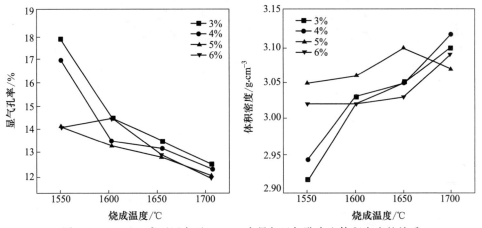

图 5.4 240MPa 成型压力下 D-ZrO$_2$ 含量与显气孔率和体积密度的关系

从图 5.1~图 5.4 可以看出，在相同成型压力和烧结温度条件下，D-ZrO$_2$ 加入量≤5%时，合成试样的显气孔率随 D-ZrO$_2$ 含量的增加而降低，体积密度逐渐增大。随着 D-ZrO$_2$ 含量的增加，与 CaO 反应生成的锆酸钙量也在增加，由于 CaZrO$_3$ 的密度很大，因此合成试样的体积密度随着 D-ZrO$_2$ 含量的增加而增加。导致材料致密化有以下两个原因：（1）由于 D-ZrO$_2$ 含量的增加，CaZrO$_3$ 生成量增加，锆酸钙与方镁石和方钙石形成直接结合，增加了材料的致密性，有利于气孔的排除，从而促进了材料的烧结；（2）生成的 CaZrO$_3$ 分布在基质中减低了气孔数量，从而促进了材料的致密化。但是当 ZrO$_2$ 含量（即 CaZrO$_3$ 的生成量）增大到一定数量时，由于在生成 CaZrO$_3$ 伴随有 7%~8%的体积膨胀，从而使得烧结负担增加。在实验中当 ZrO$_2$ 含量超过 5%时，合成料的气孔率又逐渐增大，这种现象应与上述的体积膨胀效应有关。因此为了使合成料具有良好的烧结性，

ZrO$_2$ 含量应控制在 5% 为宜。

5.2.1.2　常温耐压强度

图 5.5 所示为 D-ZrO$_2$ 含量与常温耐压强度的关系。从图中可以看出，D-ZrO$_2$ ≤5% 时，随着其含量的增加合成试样的常温耐压强度逐渐增大。主要因为 D-ZrO$_2$ 含量的增加促使 CaZrO$_3$ 的生成量增加，减少了 CaO 与杂质反应生成低熔点矿物相的量，从而增加了材料的常温耐压强度。当 D-ZrO$_2$ 的加入量为 6% 时，合成试样的常温耐压强度反而下降，也主要是由上述的体积膨胀效应导致的。

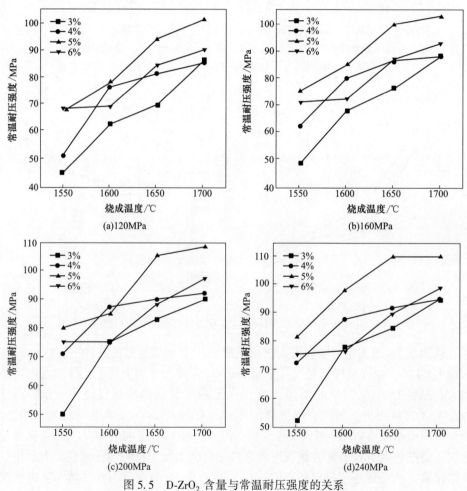

图 5.5　D-ZrO$_2$ 含量与常温耐压强度的关系

5.2.1.3　高温抗弯强度

图 5.6 所示为 D-ZrO$_2$ 含量与高温抗弯强度的关系。

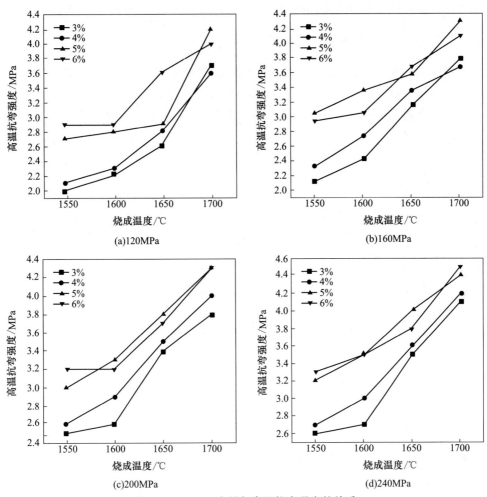

图 5.6　D-ZrO₂ 含量与高温抗弯强度的关系

从图 5.6 中可以看出，D-ZrO₂ 的加入量≤5%时，随着其含量的增加，高温抗弯强度也随之增大。由于 D-ZrO₂ 是一种活性比较大的含锆原料，其结晶不完整、晶格缺陷多、反应活性大。在 MgO-CaO 体系中加入 D-ZrO₂ 在烧结过程中能够迅速与 CaO 反应生成 CaZrO₃，并提高 MgO 与 CaZrO₃ 的直接结合率，增加结构的强度，使试样高温抗弯强度得到提高。当 D-ZrO₂ 的加入量超过 5%时，试样的高温抗弯强度受成型压力的影响波动很大。在同一成型压力下，高温抗弯强度值时而高于 5%含量试样的值，时而低于 5%含量试样的值。但总的趋势是随着成型压力的增大而增大。随着 D-ZrO₂ 含量的增加，带入的杂质（主要是 SiO₂）含量随之增加，在方镁石颗粒的间隙中，由较多低熔点的物相填充，在高温下很容易形成液相，导致制品在高温下的强度较低，容易遭到破坏。因此，从生产成本角度考虑，要使试样获得稳定的高温抗弯性能，D-ZrO$_2$ 的加入量以 5% 为佳。

5.2.1.4　3 次水冷后残余耐压强度

镁钙系耐火材料的热震稳定性是由风冷次数来考察的。由于镁钙系耐火材料的风冷次数一般均在 40 次左右，检测时间很长。因此改为 3 次水冷后的残余耐压强度来考察其热震稳定性。图 5.7 所示为 D-ZrO$_2$ 含量与 3 次水冷后残余耐压强度的关系。

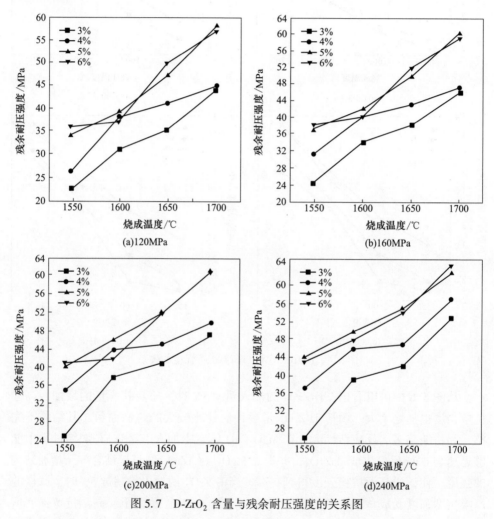

图 5.7　D-ZrO$_2$ 含量与残余耐压强度的关系图

从图中可以看出，经过 3 次水冷后，合成试样的耐压强度都降低了，但是各组试样降低的幅度不一样，加入 3% D-ZrO$_2$ 的试样降低率大约 50%；4% D-ZrO$_2$ 的试样降低率大约 47%；5% D-ZrO$_2$ 的试样降低率大约 45%；6% D-ZrO$_2$ 的试样降低率大约 44%。可见随着 D-ZrO₂ 含量的增加，试样残余强度的降低率在提高。主要因为随着 D-ZrO₂ 含量的增加，CaZrO₃ 的生成量增加，由于 CaZrO₃ 的热膨胀系数小于 MgO 的热膨胀系数，以及颗粒与基质间存在 α、弹性模量 E 不匹配等问题，对界面结合状态会产生一定影响，导致制品内部形成局部不均匀而产生微裂纹。这些裂纹的存在，可导致材料力学性能的下降，当材料受到热震时，它在骨料与基质之间又充当了"缓冲区"的作用，可吸收一定的热应力，缓和裂纹尖端部应力集中的状态。一般来说，基质中产生的热震裂纹以准静态方式扩展，可提高试样对灾难性裂纹扩展的抵抗能力，使已形成的裂纹在颗粒表面停止扩展或延长裂纹沿颗粒表面扩展的路径，微裂纹便不会导致材料裂纹的动态扩展，起到了阻止裂纹扩展的作用，从而提高了材料的抗热震性。另外，这些微裂纹对材料的断裂能起着一定的抵抗作用，因为它不仅会吸收弹性应变能，使驱动主裂纹扩展的能量降低；而且能降低材料的弹性模量，因此，在可以容忍的情况下，通过引入尺寸适当、数量足够的微裂纹，使裂纹以准静态方式扩展，可提高材料对灾难性裂纹扩展的抵抗能力。

5.2.2 烧成温度对 MgO·CaO-DZrO₂ 性能的影响

5.2.2.1 显气孔率与体积密度

图 5.8 所示为 120MPa 下烧结温度与显气孔率和体积密度的关系；图 5.9 所示为 160MPa 下烧结温度与显气孔率和体积密度的关系图；图 5.10 所示为 200MPa 下烧结温度与显气孔率和体积密度的关系；图 5.11 所示为 240MPa 下烧结温度与显气孔率和体积密度的关系。从图中可见，烧成温度对合成试样的显气孔率和体积密度影响非常大。尤其 1550℃烧成温度对合成试样的影响最明显；而

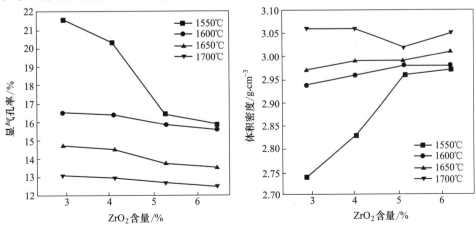

图 5.8　120MPa 下烧结温度与显气孔率和体积密度的关系

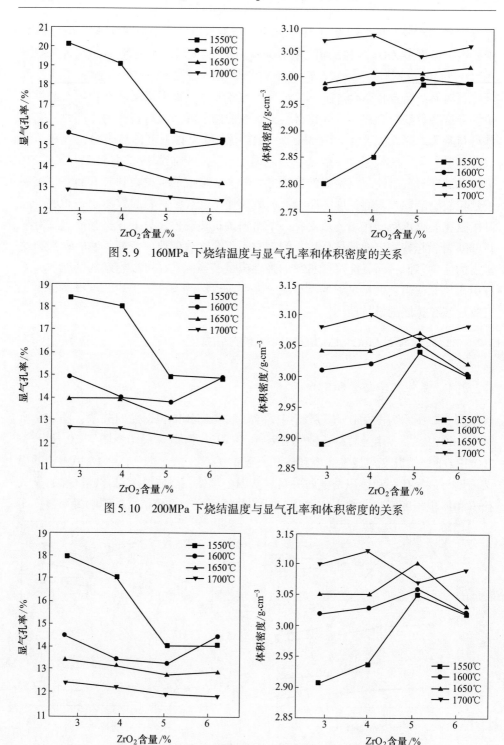

图 5.9　160MPa 下烧结温度与显气孔率和体积密度的关系

图 5.10　200MPa 下烧结温度与显气孔率和体积密度的关系

图 5.11　240MPa 下烧结温度与显气孔率和体积密度的关系

在 1650℃曲线变化就不大，说明合成试样在 1650℃已经达到致密化。温度是促进材料烧结的驱动力。随着温度的升高，ZrO_2 和 CaO 反应生成的 $CaZrO_3$ 增多，一方面因为电价的不同将会在 CaO 晶格中产生相应的阳离子空位；另一方面由于离子半径的差异也会使 CaO 晶格有一定程度的畸变，从而提高扩散速度，促进烧结。另外随着温度的提高，在烧结过程中出现低熔点的液相量在增多，并且液相量的黏度在降低，促进了晶体的发育和气孔的排出，达到致密化的程度。

5.2.2.2　常温耐压强度

图 5.12 所示为烧结温度与常温耐压强度的关系。随着烧结温度的升高，常温耐压强度呈线性增长。随着烧结温度的提高、$CaZrO_3$ 生成量的增加，$CaZrO_3$ 与方镁石直接结合的程度也随着加深，因而试样的常温耐压强度也随之增大。

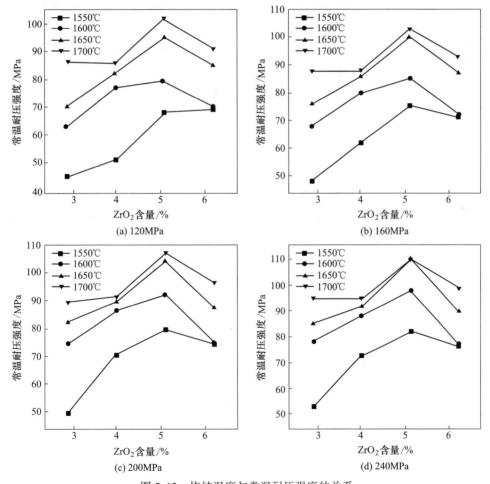

图 5.12　烧结温度与常温耐压强度的关系

5.2.2.3　高温抗弯强度

图 5.13 所示为烧结温度与高温抗弯强度的关系。从图中可以看出，随着烧结温度的提高，合成试样的高温抗弯强度也随之增大。对比各温度段下试样的高温抗弯强度发现，1650℃ 和 1700℃ 下试样的高温抗弯强度提高值远远高于其他两个温度下合成试样的高温抗弯强度值。

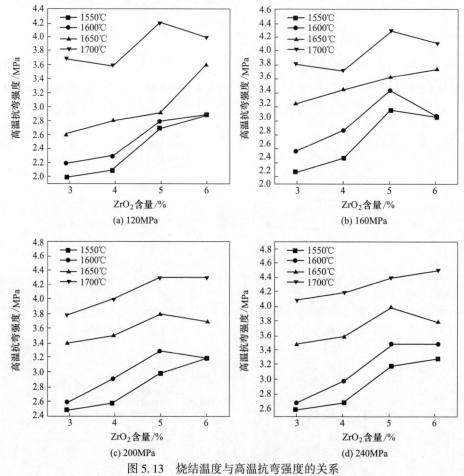

图 5.13　烧结温度与高温抗弯强度的关系

由于烧成温度的升高，离子活性大、可动性大，易于克服势垒，导致缺陷消除，形成正常的晶格结构；同时，晶界移动的速度加快，晶体就会逐渐长大，从而在宏观上表现为试样常温及高温性能提高。

5.2.2.4　3 次水冷后残余耐压强度

图 5.14 所示为烧结温度与 3 次水冷后残余耐压强度的关系图。从图中可以看出，随着烧结温度的提高，合成试样经过 3 次水冷后残余耐压强度的降低率在提高。

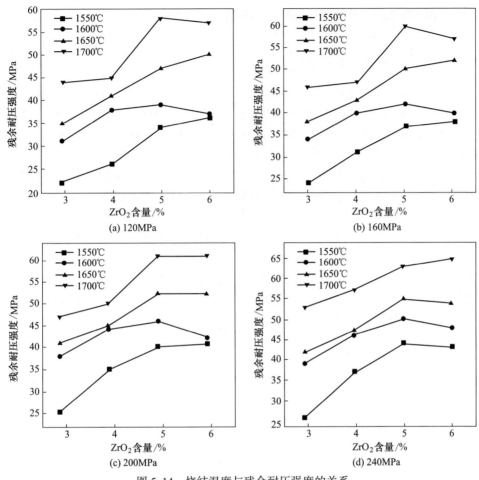

图 5.14　烧结温度与残余耐压强度的关系

对比 4 个温度段的残余耐压发现，经过 1650℃和 1700℃烧结试样的残余耐压降低率都比较小。分析原因是随着烧成温度的提高，烧结反应进行的更彻底，$CaZrO_3$ 的生成量随之增加。根据前面的分析可知，$CaZrO_3$ 的热膨胀系数与 MgO 的热膨胀系数不同，从宏观上讲，降低了合成材料的热膨胀系数；微观上讲，由于两者之间的差异导致材料内部产生微裂纹，能起到热震条件下吸收主裂纹扩展时的应变能、抑制和减缓裂纹扩展的作用，从而提高材料 3 次水冷后的残余耐压强度。

综合以上分析，$D-ZrO_2$ 含量相同时，在相同的成型压力下，随着烧结温度的提高，试样的各项性能都随之提高，但对 1650℃与 1700℃合成的试样进行比较，发现二者在性能的上差别较小，从降低生产成本的角度来说，采用 1650℃作为试样的烧结温度更为合理。

5.2.3　成型压力对 MgO·CaO-DZrO₂ 性能的影响

5.2.3.1　显气孔率与体积密度

图 5.15 所示为 3%D-ZrO₂ 含量成型压力与显气孔率、体积密度的关系；图 5.16 所示为 4%D-ZrO₂ 含量成型压力与显气孔率、体积密度的关系；图 5.17 所示为 5%D-ZrO₂ 含量成型压力与显气孔率、体积密度的关系；图 5.18 所示为 6%D-ZrO₂ 含量成型压力与显气孔率、体积密度的关系。

材料在压制成型过程中，随着压力的增加，压坯的密度变化规律可分为三个阶段，这三个阶段是为了讨论压坯密度与成型压力的关系而假设的理想状态。在第一阶段，由于材料颗粒发生位移，填充孔隙，因此，随着压力的增加，压坯的密度也急剧增加，称为滑动阶段。第二阶段继续增加压力时，压坯的相对密度几乎不变，这是因为压坯经第一阶段压缩后其密度达到一定值，粉末内出现一定的压缩阻力，在此阶段，压力虽继续加大，但孔隙度几乎不能减少，因此相对密度变化不明显。第三阶段，压力继续增大到一定值后，由于成型压力超过材料的临界应力，材料颗粒开始变形，位移和形变重新起作用，压坯的相对密度又随之增加。1650℃下的显气孔率表明，成型压力为 120MPa 和 160MPa 的试样的显气孔率相差很小，与成型压力为 200MPa 试样的显气孔率相差较大，可以认为在本实验中，第一阶段的成型压力≤120MPa，第三阶段的成型压力为≥200MPa。此外，由于试验研究的试样在烧结过程中形成的气孔是影响体积密度与气孔率的主要因素，故成型压力导致生坯体积密度的变化对烧后试样体积密度及气孔率的影响有限。

从图 5.15~图 5.18 中也可以看出，成型压力对试样的显气孔率和体积密度有影响，但是影响不是很大。对比 4 种成型压力得出 200MPa 的成型压力最佳。

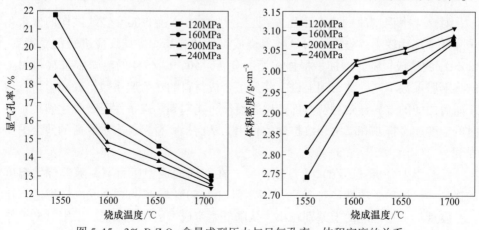

图 5.15　3% D-ZrO₂ 含量成型压力与显气孔率、体积密度的关系

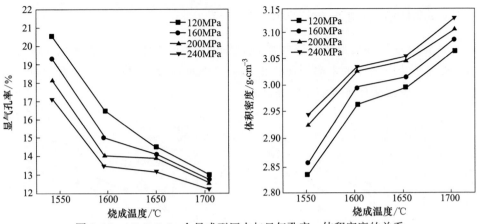

图 5.16 4% D-ZrO$_2$ 含量成型压力与显气孔率、体积密度的关系

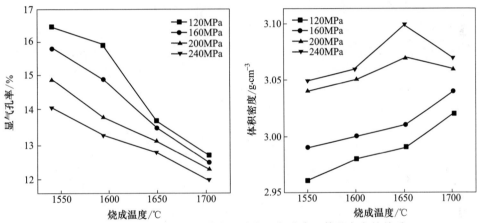

图 5.17 5% D-ZrO$_2$ 含量成型压力与显气孔率、体积密度的关系

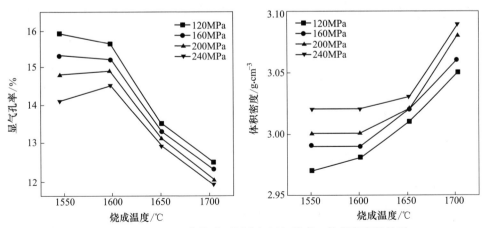

图 5.18 6% D-ZrO$_2$ 含量成型压力与显气孔率、体积密度的关系

5.2.3.2　常温耐压强度

图 5.19 所示为成型压力与常温耐压强度的关系。从图中可以看出，成型压力同样对于合成试样的常温耐压强度影响也不是很大。但是随着成型压力的增大，试样的常温耐压强度有小幅度提高。

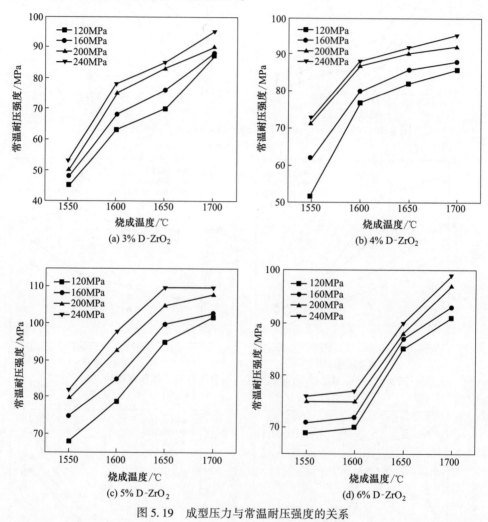

图 5.19　成型压力与常温耐压强度的关系

5.2.3.3　高温抗弯强度

图 5.20 所示为成型压力与高温抗弯强度的关系。从图中可以看出，随着成型压力的增大，合成试样的高温抗弯强度也在增大，只是增大的幅度不是很大。可见成型压力对于试样的高温抗弯强度的影响不是很大。但从结果

可以得出，成型压力选择 200MPa 对于合成试样的高温抗弯强度是最佳的成型压力。

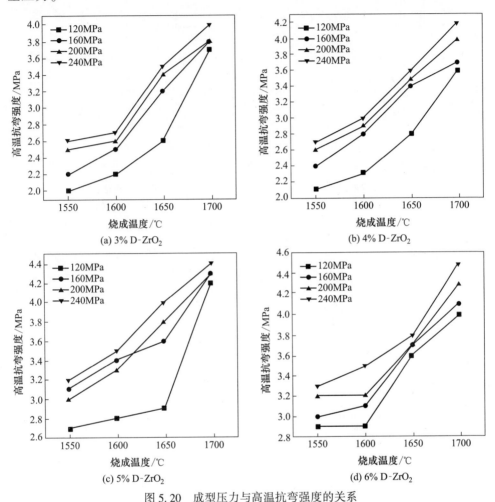

图 5.20 成型压力与高温抗弯强度的关系

5.2.3.4 3 次水冷后残余常温耐压强度

图 5.21 所示为成型压力与试样 3 次水冷后残余耐压强度的关系。从图中可以看出，成型压力对于试样的残余耐压强度有影响，随着成型压力的增大，试样的残余耐压强度也在提高。

上述分析表明，成型压力对材料的物理性能产生一定的影响，这种影响可能跟不同成型压力下试样的初始气孔率有关。成型压力不同，试样中颗粒之间紧密程度不同，导致微粒之间接触面积不同，成型压力越大、颗粒之间结合紧密，接触面积也越大，有利于界面反应和扩散的进行。200MPa 和 240MPa 成型的试样

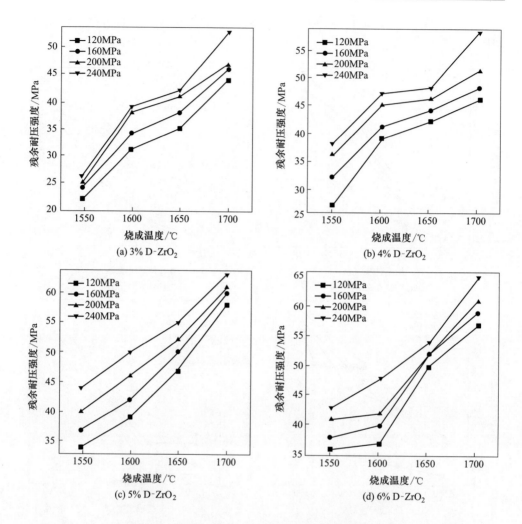

图 5.21　成型压力与 3 次水冷后残余耐压强度的关系

中颗粒间的接触面积较大，试样中出现的烧结较 120MPa 和 160MPa 试样中出现的烧结显著，因而成型压力 200MPa 和 240MPa 试样物理性能较好。但随温度的升高，由试样中颗粒接触面积不同引起烧结、反应等方面的差异成为次要因素，因而成型压力对试样各性能的影响减小。

5.2.4　显微结构

通过以上的结果，选定 200MPa 成型压力，不同烧结温度，5% 加入量的 D-ZrO₂ 合成试样进行显微结构分析。图 5.22 ~ 图 5.25 所示为合成试样分别在 1550℃、1600℃、1650℃和 1700℃时的 SEM 图。

图 5.22 1550℃试样的 SEM 图

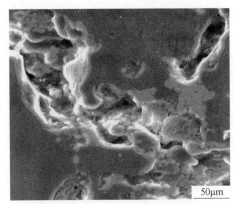
图 5.23 1600℃试样的 SEM 图

图 5.24 1650℃试样的 SEM 图

图 5.25 1700℃试样的 SEM 图

由图 5.22～图 5.25 可以看出，合成试样中主要存在三种物质。深灰色为 MgO，浅灰色为 CaO，球状亮白色为 $CaZrO_3$。$CaZrO_3$ 分布在 CaO 区域，随着烧结温度的升高，$CaZrO_3$ 的生成量在增多。在 MgO 和 CaO 同时存在的条件下，ZrO_2 固溶 CaO 量约高于 MgO 的 3～4 倍，因此随着温度的升高锆酸钙生成量逐渐增加。这与 J. R. Hellmann、V. S. Stubican 建立的 $CaO-MgO-ZrO_2$，系相图相吻合。从图 5.23 可以看出 $CaZrO_3$ 的生长状态，此时 $CaZrO_3$ 已经发育，但晶粒太小；有的处在从 CaO 中脱熔状态，在 $CaZrO_3$ 晶体表面上还有"胎膜"，说明在此温度下 $CaZrO_3$ 晶体还没有完全发育好。从图 5.24 和图 5.25 可以看出锆酸钙的形状——圆球状，分布在方镁石之间。在生成的锆酸钙个别区域表面上有层薄膜，也说明了锆酸钙的生成形态。同时也可看出生成的球状锆酸钙互相堆积，增大了接触面积，也增多了晶界间的微裂纹。这也证明了试样高温抗弯强度的提高和 3 次水冷后残余耐压强度的增高。

─────── 本 章 小 结 ───────

本章通过研究 $D\text{-}ZrO_2$ 的含量、成型压力和烧成温度对 $MgO \cdot CaO\text{-}DZrO_2$ 材料性能影响，得出如下结论：

(1) $D\text{-}ZrO_2$ 对于合成 $MgO \cdot CaO\text{-}DZrO_2$ 材料的烧结性能有很好的促进作用，在基质中与 CaO 反应生成 $CaZrO_3$，使得游离 CaO 的数量减少，减轻了 CaO 的水化；$CaZrO_3$ 与方镁石之间的直接结合提高了 $MgO \cdot CaO\text{-}DZrO_2$ 材料的高温抗弯强度；经过 3 次水冷热震后，$CaZrO_3$ 与方镁石之间产生了微裂纹，微裂纹改变了主裂纹的扩展方向，使其分为众多细小裂纹，降低了主裂纹的扩展能量，从而提高了材料的残余耐压强度。

(2) 随着 $D\text{-}ZrO_2$ 含量的增加，$MgO \cdot CaO\text{-}DZrO_2$ 材料的性能明显得到提高。主要取决于 $CaZrO_3$ 生成量，随着 $CaZrO_3$ 生成量的增多，$CaZrO_3$ 与方镁石的直接结合程度在增大。因此材料的性能得到了提高。

(3) 烧结温度对 $MgO \cdot CaO\text{-}DZrO_2$ 材料的性能起到了至关重要的作用，随着烧结温度的提高，烧结驱动力增大，致使材料的显气孔率逐渐降低，体积密度增大；$CaZrO_3$ 晶体发育更加完善，与方镁石晶体的结合更加致密，从而提高了 $MgO \cdot CaO\text{-}DZrO_2$ 材料的性能。

(4) 成型压力对 $MgO \cdot CaO\text{-}DZrO_2$ 材料性能的影响不是很大，但是材料的性能随着成型压力的增大也会有小幅度的提高。

(5) 通过对 $D\text{-}ZrO_2$ 含量、烧结温度和成型压力的探讨，得出了制备 $MgO \cdot CaO\text{-}DZrO_2$ 材料的最佳工艺参数：200MPa 成型压力，1650℃烧成，5% $D\text{-}ZrO_2$。在此条件下合成的 $MgO \cdot CaO\text{-}DZrO_2$ 材料性能最佳，体积密度为 $3.07g/cm^3$，常温耐压强度为 105MPa，高温抗弯强度为 3.8MPa。

6 MgO-CaO · ZrO₂ 材料的合成与性能

由于镁钙砖本身含有游离 CaO 所固有的特点,从而导致镁钙砖的水化。虽然各国研究者都在致力解决镁钙砖水化问题,但是到目前为止,在工业生产上还没有彻底解决此问题。$CaZrO_3$ 是高熔点化合物,并且在 CaO · ZrO₂ 体系中又是 CaO 含量最高的一种化合物,并且不存在水化问题。基于此,用不同档次的镁砂和脱硅氧化锆在 200MPa、1600℃ 合成的 $CaZrO_3$ 为原料,制备 MgO-CaO · ZrO₂ 材料,考察不同档次的镁砂、不同 CaO 含量和烧成温度对 MgO-CaO · ZrO₂ 材料烧结性能、常温耐压强度、常温抗弯强度、高温抗弯强度以及抗 AOD 炉渣侵蚀能力的影响,以选择较佳的 MgO-CaO · ZrO₂ 材料制备工艺参数。

6.1 实验

6.1.1 实验原料及配比

实验以电熔 97 镁砂、95 中档镁砂、97 高纯镁砂和锆酸钙为原料,原料的化学成分见表 6.1。按照表 6.2 配比方案进行配料制样。

表 6.1 原料化学组成 (质量分数) (%)

原料	I. L.	MgO	SiO₂	CaO	Al₂O₃	Fe₂O₃	CaZrO₃
95 中档	0.18	95.08	1.50	1.36	0.22	0.84	—
97 高纯	0.18	96.41	0.99	1.37	0.23	0.82	—
97 电熔	0.27	96.66	1.28	1.02	0.19	0.64	—
锆酸钙	—	—	0.13	0.73	—	0.49	98.32

表 6.2 配比方案

项目	95 中档	97 高纯	97 电熔	锆酸钙 (CaO)
S1	68%	—	—	32% (10%)
S2	52%	—	—	48% (15%)
S3	36%	—	—	64% (20%)

项目	95 中档	97 高纯	97 电熔	锆酸钙（CaO）
S4	—	68%	—	32%（10%）
S5	—	52%	—	48%（15%）
S6	—	36%	—	64%（20%）
S7	—	—	68%	32%（10%）
S8	—	—	52%	48%（15%）
S9	—	—	36%	64%（20%）

6.1.2　实验过程

将原料按照一定的颗粒级配进行配比，以纸浆为结合剂，在小型混砂机中混合 3min。混匀后用液压机在 200MPa 的压力下成型出 ϕ50mm×50mm 和 25mm× 25mm×150mm 的试样，在 110℃ 干燥 24h 后放入高温炉内进行烧成，分别于 1550℃、1600℃、1650℃ 和 1700℃ 下保温烧成 2h。待试样冷却后，采用排水法测定其显气孔率和体积密度，对常温耐压强度、常温抗弯强度、高温抗弯强度进行检测，采用静态坩埚法测试试样抗 AOD 炉渣侵蚀性能，对试样进行 XRD 和显微结构分析。

6.2　MgO-CaO · DZrO$_2$ 材料性能

6.2.1　组元和烧结温度对 MgO-CaO · ZrO$_2$ 性能的影响

试样标号说明：1—1500℃；2—1600℃；3—1650℃；4—1700℃，-1、-2、-3 分别表示中档镁砂 CaO 含量为 10%、15%、20%；-4、-5、-6 分别表示高纯镁砂 CaO 含量为 10%、15%、20%；-7、-8、-9 分别表示电熔镁砂 CaO 含量为 10%、15%、20%。

6.2.1.1　显气孔率

图 6.1 所示为不同镁砂原料对制品的显气孔率的影响对比，图 6.2 所示为不同氧化钙含量对制品的显气孔率的影响。

由图 6.1 和图 6.2 可以看出，在温度 ≤1650℃ 时，随着烧结温度的升高，烧结制品的显气孔率都下降，原因是烧结温度升高促进了固相的扩散动力学，使得反应加剧；另外，烧结的温度升高，产生的液相量增多，颗粒表面能增大，烧结驱动力增强，气孔沿晶界排除加快。但是温度超过 1650℃ 时显气孔率反而增大。仅从试样的显气孔率来看，说明 1650℃ 是材料最佳的烧成温度，在此温度下试样反应最彻底。

由图 6.1 可以看出，在相同镁砂原料的条件下，随着锆酸钙含量的增大，MgO-CaO·ZrO₂ 制品的显气孔率降低，原因是随着锆酸钙的含量增大，氧化镁和锆酸钙固溶度增大，使得固相反应活化能加大，气孔迁移排除更加充分。

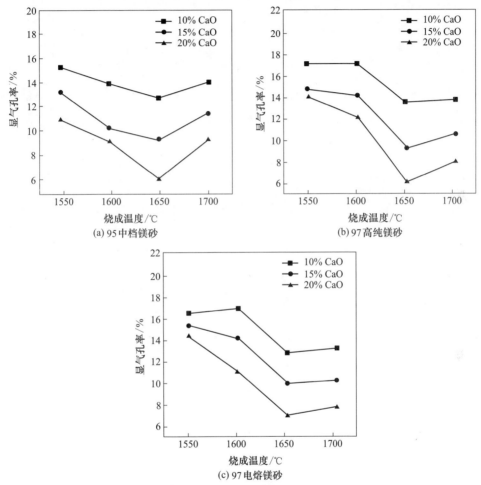

图 6.1　不同镁砂原料对制品的显气孔率的影响对比

由图 6.2 可以看出，在相同锆酸钙含量，烧结温度小于 1650℃ 的条件下，以 95 中档镁砂为原料的 MgO-CaO·ZrO₂ 烧结制品的显气孔率最低，而以 97 高纯镁砂和 97 电熔镁砂为原料的 MgO-CaO·ZrO₂ 烧结制品相差不大；当温度为 1650℃ 时，电熔 97 镁砂合成的镁钙锆试样的显气孔率最低；温度达到 1700℃ 时，试样的显气孔率则相反，95 中档镁砂合成的镁钙锆显气孔率最大。众所周知，95 中档镁砂原料比 97 高纯镁砂和 97 电熔镁砂的杂质含量高，在本实验中，当温度低于 1650℃ 时 95 中档砂的杂质（Fe_2O_3、Al_2O_3、SiO_2）和 CaO 反应生成低熔点的化合物，这些低熔点的化合物浸润固体颗粒，由于表面张力作用，使固体颗粒之间的距离缩短，气孔迁移速率加大。所以 95 中档砂合成镁钙锆的显气孔率最低。

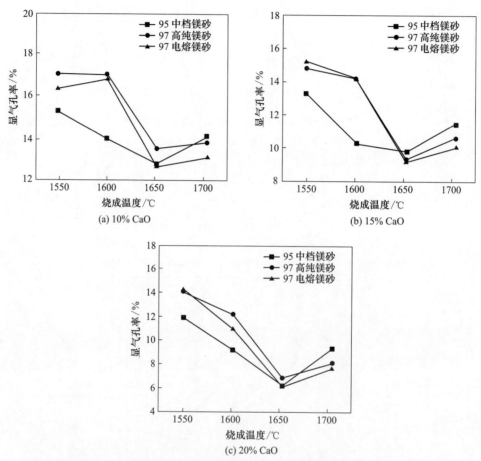

图 6.2　不同氧化钙含量（质量分数）对制品的显气孔率的影响

6.2.1.2　常温耐压强度

　　图 6.3 给出了不同镁砂原料对制品的常温耐压强度的影响对比，图 6.4 给出了不同氧化钙含量对制品的常温耐压强度的影响对比。

　　由图 6.3 和图 6.4 可以看出，随着烧结温度的升高，烧结制品的常温耐压强度在 ≤1650℃ 时都是增大，原因是烧结温度升高产生的液相量也增多，促进了固相的扩散动力学，使得反应加剧，颗粒表面能增大，烧结驱动力增强，MgO 和 CaZrO₃ 固溶度增大，结合强度加大。当温度超过 1650℃ 时烧结制品的常温耐压强度下降。

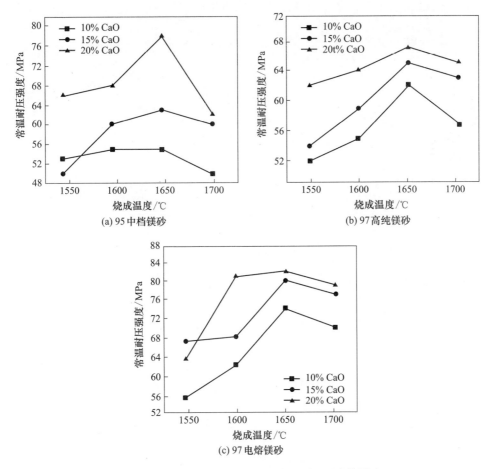

图 6.3 不同镁砂原料对制品的常温耐压强度的影响

由图 6.3 可以看出，在相同镁砂原料的条件下，随着锆酸钙含量的增大，MgO-CaO·ZrO$_2$ 制品的常温耐压强度增大，原因是随着锆酸钙的含量增大，氧化镁和锆酸钙中的 CaO 固溶增大，使得固相反应活化能加大。另外，CaO 含量的增加也会使 CaO 和 ZrO$_2$ 颗粒的接触机会和反应截面增大，产物层变薄，相应的反应速度也随之增大。从 CaO 和 ZrO$_2$ 缺陷反应的角度来讲，CaO 含量增多也有利于 Zr^{4+} 和 Ca^{2+} 通过晶界的扩散迁移，有利于方镁石晶粒的长大。

由图 6.4 可以看出，在相同锆酸钙含量的条件下，以 95 中档镁砂、97 高纯镁砂和 97 电熔镁砂为原料的 MgO-CaO·ZrO$_2$ 烧结制品的常温耐压强度相差很大，总的趋势是以电熔镁砂为原料的常温耐压强度大，原因可能是电熔镁砂中杂质含量少、低熔物少，方镁石晶体发育好、晶体尺寸大；CaZrO$_3$ 与方镁石直接接触的程度高，两者之间的固溶度增大，直接结合程度加强。

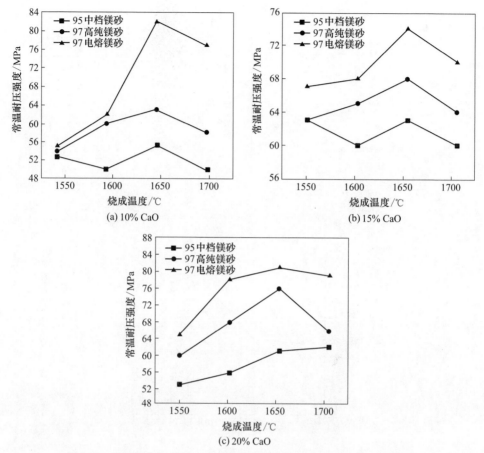

图 6.4　不同氧化钙含量（质量分数）对制品的常温耐压强度的影响

6.2.1.3　常温抗弯强度

　　图 6.5 所示为不同镁砂原料对制品的常温抗弯强度的影响，图 6.6 所示为不同氧化钙含量对制品的常温抗弯强度的影响。

　　由图 6.5 可以看出，不管是以 95 中档镁砂，还是以 97 高纯镁砂或 97 电熔镁砂为原料，材料的常温抗弯强度随着 CaO 含量的增加而增大。这是由于锆酸钙增多，氧化镁和锆酸钙的直接结合度增大，它们之间的固溶也加大，这种结构既稳定了方镁石，又强化了材料的强度。

　　由图 6.6 可以看出，不论 CaO 含量（质量分数）为 10%，还是 15%、20%时，原料为 95 中档镁砂、97 高纯镁砂和 97 电熔镁砂的常温抗弯强度依次增大，原因是电熔镁砂硅酸盐杂质含量低，其中的方镁石晶体发育更加完善、显气孔率低、强度大。不管原料是 95 中档镁砂、97 高纯镁砂和 97 电熔镁砂，MgO-CaO·ZrO₂

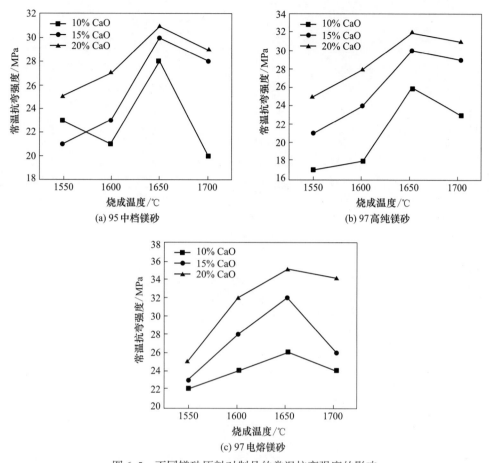

图6.5　不同镁砂原料对制品的常温抗弯强度的影响

制品的常温抗弯强度随着烧结温度的升高而增大，原因是随着烧结温度的升高，方镁石和锆酸钙的相互扩散增强，固相反应速度加快，相互的固溶度也加大，因此导致材料更加致密、强度更高。

6.2.1.4　高温抗弯强度

图6.7所示为不同镁砂原料对制品的高温抗弯强度的影响，图6.8所示为不同氧化钙含量对制品的高温抗弯强度的影响。

众所周知高温抗弯强度是反映耐火材料在高温条件下对物料的撞击、磨损及液态渣冲刷的抵抗能力。由图6.7可以看出，不管是以95中档镁砂，还是以97高纯镁砂或97电熔镁砂为原料，材料的高温抗弯强度随着CaO含量的增加而增大。这是由于锆酸钙增多，增大了氧化镁和锆酸钙的直接结合度，使其之间的固溶度也加大，这种结构既稳定了方镁石，又强化了材料的强度。

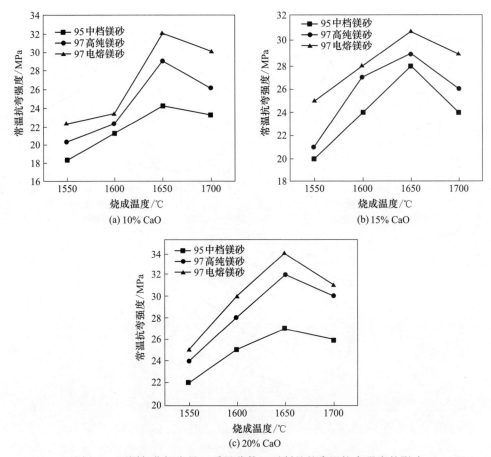

图 6.6　不同氧化钙含量（质量分数）对制品的常温抗弯强度的影响

　　由图 6.8 可以看出，CaO 含量（质量分数）为 10%，15%，20% 时，原料为 95 中档镁砂、97 高纯镁砂和 97 电熔镁砂的高温抗弯强度依次增大，原因是电熔镁砂中的方镁石晶体发育更加完善，晶粒尺寸大、显气孔率低、强度大。

　　$MgO-CaO · ZrO_2$ 制品的高温抗弯强度随着烧结温度的升高而增大，原因是随着烧结温度的升高，方镁石和锆酸钙的相互扩散增强，固相反应速度加快，相互的固溶也加大，因此导致材料更加致密、强度更高。高温抗弯强度与实际使用密切相关，高温抗弯强度大，会提高耐火材料对物料的撞击和磨损性，增强抗渣性能。高温抗弯强度主要取决于制品的化学矿物组成、组织结构和生产工艺。另外材料中的熔剂物质及其烧成温度对制品的高温抗弯强度有显著影响。由于实验中杂质含量较少，因此对试样的高温抗弯强度影响并不明显。

　　综上所述，不同档次的镁砂原料与锆酸钙合成镁钙锆制品，其性能有明显的差异。虽然 95 中档的杂质对烧结有助烧剂的作用，对试样的气孔率有一定

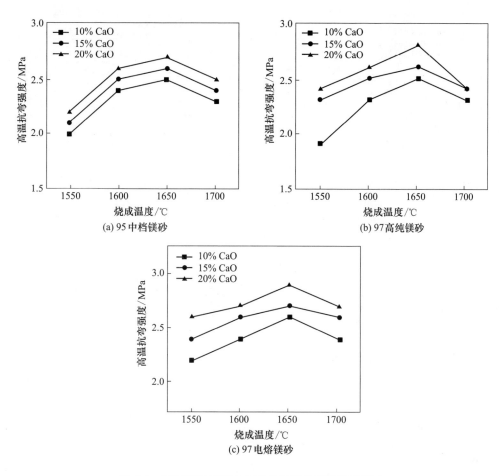

图 6.7　不同镁砂原料对制品的高温抗弯强度的影响

的影响，但对于耐火材料来说，制品最终性能的好坏是由其组成和结构决定的。要获得性能好的制品，从组成上考虑，主要是选择使用耐火度高、纯度较高的原料，杂质的含量要尽可能的小，才能保证最终制品具有高性能的矿相组成。由于生产电熔镁砂采用的是纯度较高的原料，硅酸盐杂质含量低，因此电熔镁砂中方镁石的直接结合程度较高，能充分发挥出方镁石的良好性能。所以由电熔镁砂合成的试样其各项性能皆优于其他两种。对于不同 CaO 含量的试样，由于 CaO 是通过在试样中加入 CaZrO₃ 带入的，因此，随着 CaO 含量的增加，CaZrO₃ 的加入量是增加的。CaZrO₃ 是一种良好的高温耐火材料，其常温性能和高温性能都十分优异，CaZrO₃ 本身十分致密，其加入量增加必将使制品的气孔减少。此外，随着其含量的增加，其与方镁石的直接结合程度增强，提高了制品的性能。

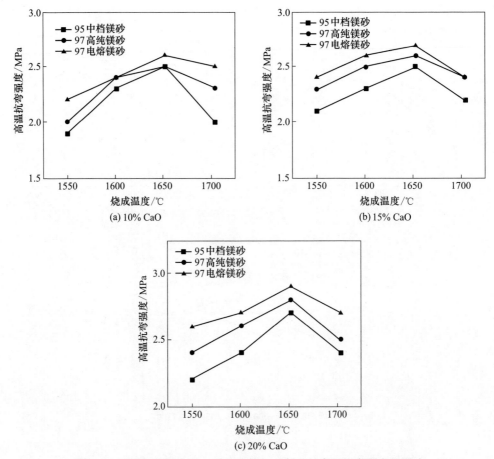

图 6.8　不同氧化钙含量（质量分数）对制品的高温抗弯强度的影响

6.2.2　组元和烧结温度对 MgO-CaO · ZrO$_2$ 相组成和显微结构的影响

6.2.2.1　MgO-CaO · ZrO$_2$ 材料的相组成

图 6.9 所示为 1550℃ 试样的 XRD 衍射图谱。从图中可以看出，MgO-CaO · ZrO$_2$ 烧结制品的主晶相为方镁石和锆酸钙；次晶相为镁锆中间化合物 Mg$_2$Zr$_5$O$_{12}$ 和钙锆中间化合物 Ca$_{0.15}$Zr$_{0.85}$O$_{1.85}$。这可能是由于局部存在 ZrO$_2$/CaO>1，但是并没有看到 ZrO$_2$ 相，从这结果看，过剩的 ZrO$_2$ 并没有想象中的那样发生方镁石和氧化锆固溶以促进烧结，因此这种情况下材料的烧结状况并不理想，具有较高的气孔率，主要原因可能是烧结温度过低。若当 ZrO$_2$/CaO<1 时存在过量的 CaO，烧结情况就会变好。原因是 CaO 过量时能产生四点作用：

（1）在 CaO 和 ZrO$_2$ 生成 CaZrO$_3$ 的固相反应中，根据金斯特林反应扩散模

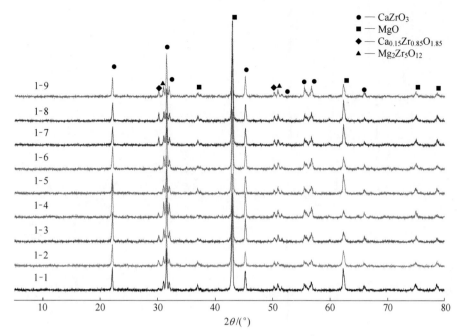

图 6.9　1550℃试样的 XRD 衍射图谱

型，反应体系中 CaO 的熔点（2570℃）低于 ZrO₂ 的熔点（2700℃），因此 CaO 颗粒通过表面扩散包覆在 ZrO₂ 颗粒表面。

根据金斯特林公式，

$$\frac{\mathrm{d}G}{\mathrm{d}t} = K'_\mathrm{r}\frac{(1 - G)^{1/3}}{1 - (1 - G)^{1/3}} \tag{6.1}$$

其中

$$K'_\mathrm{r} = \frac{2D_\mathrm{M}C_0}{3R_0\rho n} \tag{6.2}$$

式中，C_0 为扩散相 CaO 的浓度。

因为反应体系的 CaO 增大时即是 C_0 增大，那么整个反应速率就增大。

（2）CaO 含量的增加也会使得 CaO 和 ZrO₂ 颗粒的接触机会和反应截面增大变薄，相应的反应速度也随之增大。

（3）从固相烧结的角度来讲，过量的 CaO 存在有利于 Zr⁴⁺ 和 Ca²⁺ 通过晶界扩散迁移。

（4）过量的 CaO 与 MgO 产生固溶，有利于方镁石的晶粒长大。

图 6.10 所示为 1650℃试样的 XRD 衍射图谱。从图中可以看出，试样的主晶相是 MgO 和 CaZrO₃，次晶相是 Ca₀.₁₅Zr₀.₈₅O₁.₈₅。配比和 CaO 含量相同的试样，其试样的衍射峰值大小不同。对比图 6.10（a）、（b）、（c），发现（c）中的衍射峰值最大。

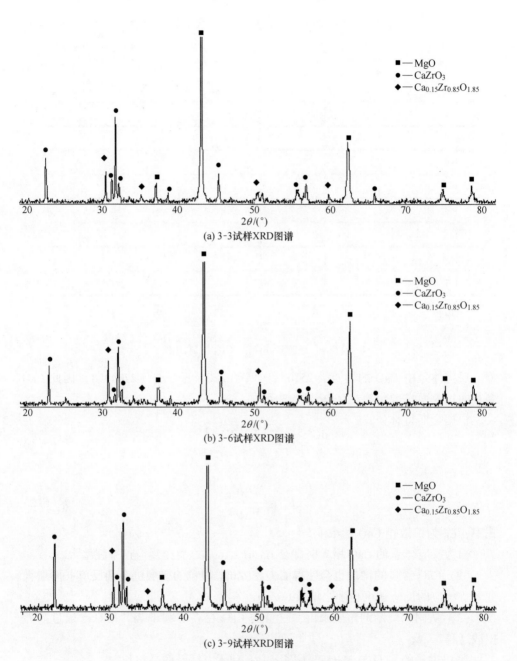

(a) 3-3试样XRD图谱

(b) 3-6试样XRD图谱

(c) 3-9试样XRD图谱

图 6.10　1650℃试样的 XRD 衍射图谱

　　从以上试样的 XRD 图谱看出，镁砂和锆酸钙合成 $MgO·CaZrO_3$ 材料在不同烧成温度下其矿物相发生了变化。经历着从 MgO、$CaZrO_3$ 和 $Mg_2Zr_5O_{12}$、$Ca_{0.15}Zr_{0.85}O_{1.85}$→$MgO$、$CaZrO_3$→$MgO$、$CaZrO_3$ 和 $Ca_{0.15}Zr_{0.85}O_{1.85}$ 的转变。也就

是随着烧成温度的升高合成试样的次晶相在发生变化。另外锆酸钙的含量对于试样的晶相没有影响。

在碱性耐火材料中，含量居多的主晶相方镁石称为第一固相，次要相中突出的某一高温相称为第二固相；由于第二固相的存在，增加了高温相的直接结合程度，从而引起了高温力学性能的变化。镁质耐火材料中最好有第二固相的存在，以便在使用温度下减少液相在方镁石晶粒间的渗透，改善材料的显微组织结构，促进晶粒间的直接结合，使高温性能提高。CaZrO$_3$ 和 Ca$_{0.15}$Zr$_{0.85}$O$_{1.85}$ 在 MgO·CaZrO$_3$ 材料中充当的恰是"第二固相"的角色。另外，从界面能的观点出发，也不难从"第二固相原理"中得出"同相结合难，异相结合易"的结论。所以方镁石-CaZrO$_3$ 的结合较方镁石-方镁石的结合更易发生。

"第二固相原理"明确提到了第二固相对直接结合的促进作用，这其中的"第二固相"既可以是在烧成过程中通过反应形成的，也可以是作为原料预先加入的。怀特也认为，当有第二固相存在时，液相有一个较大的二面角，不能像它润湿单相固相那样润湿多相固相。"第二固相原理"在镁质耐火材料的研究、生产和使用中已得到了应用。耐火材料接近固相或存有少量的液相，在一般的高温烧成条件下，当满足以下条件时，可借助引入或突出第二固相来提高其高温力学性能：（1）第二固相也是高温相，两相的共熔温度高于使用温度；（2）第二固相能固溶于主晶相；（3）通过原始物反应生成的第二固相能在主晶相间"搭桥"；（4）第二固相的晶体或颗粒形态呈针状、柱状（如莫来石），或尖棱状（如 M$_2$S、C$_2$S、C$_3$S 等），易与主晶相织造成穿插交错的网络骨架；（5）第二固相与主晶相的界面能小，而与液相的界面能相对较大。

实验烧结过程中温度较低时（≤1550℃）ZrO$_2$ 会与 MgO 反应生成不稳定的化合物 Mg$_2$Zr$_5$O$_{12}$，使试样体积发生膨胀，耐压强度较低。此外 Mg$_2$Zr$_5$O$_{12}$ 的存在会促进 CaZrO$_3$ 发生离子迁移，生成 Ca$_{0.15}$Zr$_{0.85}$O$_{1.85}$，但生成量较少，对制品的影响并不明显；随着温度的升高，Mg$_2$Zr$_5$O$_{12}$ 消失，到 1600℃时 MgO 与 CaZrO$_3$ 发生直接结合，由晶体颗粒直接交错结合成结晶网，温度越高、直接结合程度越大，晶体颗粒结合的就越紧密，具体表现为试样的气孔率低，其耐压和抗弯性能越好。当温度达到 1650℃时，CaZrO$_3$ 发生了粒子迁移，形成较多量的 Ca$_{0.15}$Zr$_{0.85}$O$_{1.85}$，促进了 MgO 与 CaZrO$_3$ 直接结合，提高了制品的性能。

6.2.2.2　MgO-CaO·ZrO$_2$ 材料的显微结构

图 6.11~图 6.13 是 CaO 含量为 20% 的三种镁砂合成试样在 1650℃的 SEM图。图 6.11 所示为中档镁砂与锆酸钙合成试样的显微图片，图 6.12 所示为高纯镁砂与锆酸钙合成试样的显微图片，图 6.13 所示为电熔镁砂与锆酸钙合成试样的显微图片。左图是低倍图片，右图为放大图片。从左图可以看出锆酸钙与方镁

石的分布情况及结合状态、气孔数量的多少、孔径大小、分布情况。从右图可以
看出锆酸钙与方镁石的结合状态。从左侧三幅低倍图可明显看出，三种镁砂与锆
酸钙合成镁钙锆试样的显微图不同。图 6.11 试样的气孔比较多，且气孔连在一
起；图 6.12 试样的情况稍微好些；图 6.13 试样的气孔分布及数量最佳。这与前
面讨论试样的物理性能结果一致。

图 6.11　3-3 试样的 SEM 图片

图 6.12　3-6 试样的 SEM 图片

　　从图 6.11~图 6.13 可以看出，锆酸钙与三种不同档次镁砂合成镁钙锆材料，
在结构分布上无大的差别，在结合强度上不同，其结合强度从大到小的顺序为电
熔镁砂合成试样>高纯镁砂合成试样>中档镁砂合成试样。

图 6.13　3-9 试样的 SEM 图片

6.2.3　$MgO\text{-}CaO \cdot ZrO_2$ 材料抗 AOD 炉渣侵蚀性能研究

熔渣的侵蚀是耐火材料在使用过程中最常见的一种损坏形式。在实际使用中，约有 50% 是由于熔渣侵蚀而引发损坏，因此，研究材料的抗渣性能具有非常重要的意义。

AOD 炉渣的化学成分见表 6.3。

表 6.3　AOD 炉渣成分　　　　　　　　　（%）

MgO	Al_2O_3	SiO_2	SO_3	CaO	TiO_2	Cr_2O_3	MnO	Fe_2O_3
9.44	1.73	36.0	0.54	38.8	0.41	5.5	5.9	0.79

图 6.14 所示为含钙量为 20%，1650℃ 时三种镁砂原料合成的镁钙锆材料抗 AOD 炉渣侵蚀的剖面图。从图中可以看出，（1）镁钙锆制品抗 AOD 炉渣侵蚀状态同镁钙砖一样——工作层不挂渣；（2）三个样品侧面的侵蚀层厚度基本差不多；底面的侵蚀层厚度从大到小的顺序为 S-6>S-3>S-9；（3）熔渣对基体材料不同程度侵蚀，侵入部分以扩散为主。

图 6.15~图 6.17 所示为含钙量为 20% 的不同镁砂原料合成镁钙锆材料抗 AOD 炉渣侵蚀的显微图片。左图为低倍图，右图为接触表层的局部放大图。从左图可以看出方镁石晶体与锆酸钙分布情况，锆酸钙分布在方镁石晶体周围且分布比较均匀。从右图更能清晰地看出锆酸钙在方镁石晶间的分布情况。其中灰色略显突起的颗粒为方镁石，填充于方镁石晶界处的深灰色物质为硅酸盐相，白色物质为 $CaZrO_3$，黑色部分为气孔。从图中可以看出，反应层由于熔渣的渗入填充了大部分气孔，同时又促进了方镁石晶体的进一步发育长大，所以气孔较少，

图 6.14   镁钙锆材料抗 AOD 炉渣侵蚀的剖面图

图 6.15   中档镁钙锆抗渣 SEM 图片

图 6.16   高纯镁钙锆抗渣 SEM 图片

图 6.17 电熔镁钙锆抗渣 SEM 图片

结构比较致密；反应层中有较多的硅酸盐相填充于方镁石晶界，存在少量 CaZrO$_3$ 相分布于硅酸盐相之中；方镁石表面有很多 CaO 颗粒，这些 CaO 就是由渣中进入试样中的；在试样表面与渣接触的界面上，由于氧化物浓度梯度的存在，加快了渣中 CaO 迁移到试样反应层的速度，同时存在于方镁石晶粒之间的 CaZrO$_3$ 向试样内部聚集；由于 CaZrO$_3$ 是高熔点相且绝大部分存在于方镁石晶粒之间，因此可以减少渣对骨料颗粒熔蚀；另外 CaZrO$_3$ 分解的 ZrO$_2$ 进入到渣中，增大了渣的黏度，减缓了渣的渗透，提高了试样的抗侵蚀性；此外，有部分骨料颗粒被熔蚀，被熔蚀的骨料颗粒中 CaZrO$_3$ 逐渐富集，形成富集层，阻挡了熔渣的进一步渗透。从图 6.15 和图 6.16 可以看出 CaO 侵入量的多少和 CaZrO$_3$ 聚集层的形成。从 CaO 侵入量的多少可以解释宏观渣侵剖面图深度 S-6>S-3 的原因。图 6.17 的试样受渣侵蚀程度由侵入 CaO 的量和 CaZrO$_3$ 的分布情况即可得出结论——抗炉渣侵蚀性优于另外两种镁砂合成的试样。原因为电熔镁砂中方镁石晶粒发育得较为完整，晶粒尺寸较大，因此其抗侵蚀性较好。在此对于炉渣的侵蚀可以确定为侵入溶解，即炉渣通过气孔侵入到镁钙锆的内部。通过利用能谱对右侧图进行分析，如图 6.18~图 6.20 所示。

从图 6.18 可以看出，基体以 MgO 为主，在 MgO 表面上有许多白色小粒，图中央 MgO 晶界处有一块白色尺寸大的物质，MgO 表面比较光滑。通过能谱分析确认 1 点的位置是 MgO，其成分中有 Ca、Cr、Mn，而这些成分正是炉渣当中的成分。说明炉渣对 MgO 进行侵蚀，在其表面反应生成的低熔点物质附在方镁石晶体表面，因此其表面变得光滑。2 点是白色小粒，从成分上分析是 CaO，很明显是炉渣中的 CaO 侵入到 MgO 表面，并且"钉扎"在表面上。而能谱显示的 MgO 则是能谱透过 CaO 打到方镁石基体上的结果。

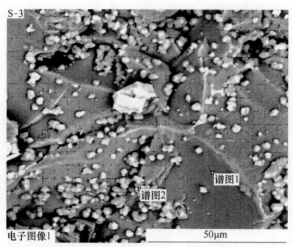

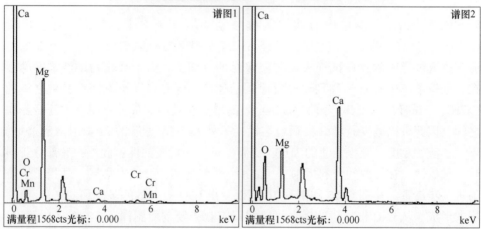

谱图	Mg	Ca	Cr	Mn	O	合计
谱图1	54.73	2.00	1.86	2.89	38.52	100.00
谱图2	19.30	48.59			32.10	100.00

图 6.18　S-3 试样能谱分析图

　　图 6.19 所示为对 S-6 试样进行打点分析。1 点是 MgO 基体，表面已被 MnO 侵蚀光滑，但仍可见条形的解理面。2 点是炉渣中 CaO、K$_2$O、MnO 对 MgO 侵蚀的生成物，附在 MgO 表面上，数量很多，对以 MgO 为骨架结构支撑的 MgO-CaZrO$_3$ 材料解体，使其强度降低。3 点从成分和外形上断定是 CaZrO$_3$，其存在于 MgO 的晶界处，轻微受到 MnO 的侵蚀。

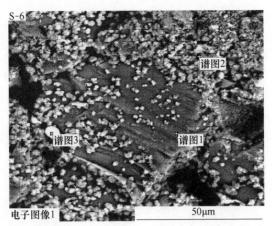

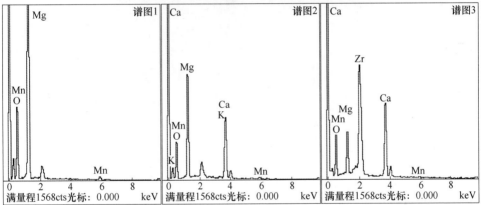

| | | | | | | (%) |
谱图	Mg	K	Ca	Zr	Mn	O	合计
谱图1	59.07				1.59	39.34	100.00
谱图2	34.57	0.56	28.37		1.79	34.71	100.00
谱图3	8.24		20.40	42.34	0.47	28.55	100.00

图 6.19 S-6 试样能谱分析图

图 6.20 所示为 S-9 试样的能谱分析。1 点是 MgO，受到炉渣当中的 Fe_2O_3 的侵蚀，同样其表面被侵蚀光滑，看不到 MgO 显微结构的原始形貌。2 点对在 MgO 表面上的生成物进行分析，以 CaO 侵蚀为主并在 MgO 表面形成粒状物。3 点是对分布在 MgO 晶界处的亮白色物质分析，其为锆酸钙。

通过以上分析得出，AOD 炉渣对 $MgO-CaZrO_3$ 材料的侵蚀介质为 CaO、MnO、Fe_2O_3、Cr_2O_3 及少量的 K_2O，且以 CaO 的侵蚀最重。其通过气孔进行扩散并在方镁石晶体表面上与其他氧化物共同生成低熔点相，对方镁石进行肢解，

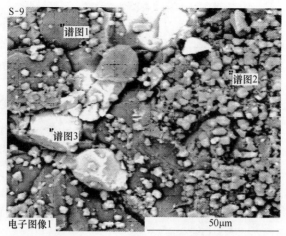

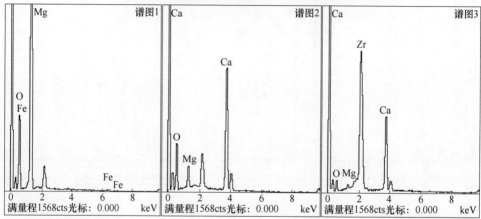

						(%)
谱图	Mg	Fe	Ca	Zr	O	合计
谱图1	59.90	0.53			39.57	100.00
谱图2	9.39		60.34		30.27	100.00
谱图3	0.87		21.95	50.23	26.95	100.00

图 6.20　S-9 试样能谱分析图

使方镁石的结合强度降低。从以上各图可以看出，方镁石与 CaZrO$_3$ 呈直接结合的区域很少有硅酸盐相的侵入，仍保留原来的直接结合状态；而方镁石与方镁石直接结合的区域则有部分直接结合被破坏，有少量硅酸盐相填充于方镁石晶粒之间。这说明方镁石晶间的 CaZrO$_3$ 对渣具有惰性，一方面可以减少炉渣对方镁石颗粒的熔蚀；另一方面对炉渣的侵入又起到堵塞作用，减缓了渣的渗透，从而提高了试样的抗侵蚀性能。

本 章 小 结

本章通过研究不同档次的镁砂、不同 CaO 含量和烧成温度对 MgO-CaO·ZrO_2 材料烧结性能、常温耐压强度、常温抗弯强度、高温抗弯强度以及抗 AOD 炉渣侵蚀能力的影响，可以得出如下结论：

（1）采用镁砂与锆酸钙为原料合成 MgO-CaO·ZrO_2 材料，其矿物主晶相为 $CaZrO_3$ 和 MgO，次晶相在不同烧成温度下不同，表现为 1550℃为 $Mg_2Zr_5O_{12}$ 和 $Ca_{0.15}Zr_{0.85}O_{1.85}$；1600℃时没有次晶相的存在；1650℃只有 $Ca_{0.15}Zr_{0.85}O_{1.85}$。次晶相的存在有利于试样强度的提高。$Mg^{2+}$ 的半径小于 Ca^{2+} 的半径，当 Mg^{2+} 置换 Ca^{2+} 形成 $Mg_2Zr_5O_{12}$ 时产生空位，导致体积效应，进而产生强度的降低。

（2）通过对合成试样性能影响因素的探索，得出烧成温度、镁砂种类和 CaO 含量对其影响很大并存在着规律性。低于 1650℃时随着烧成温度的提高试样的烧结性能得到改善，常温强度、高温强度得到提高；超过 1650℃试样的各项性能又降低。不同种类的镁砂由于其生产工艺不同导致 MgO 含量不同、方镁石晶体大小不同，进而影响由其制作的制品的性能，即随着镁砂档次的提高其制品的性能也在提高；随着 CaO 含量的增大，$CaZrO_3$ 与 MgO 的结合强度增大，性能也在提高。

（3）通过对试样抗渣侵试验的测试得出，MgO-$CaZrO_3$ 材料抗 AOD 炉渣侵蚀在工作层上与 MgO-CaO 质材料的抗侵蚀性相同——工作层不挂渣；炉渣侵蚀的主要介质是 CaO、MnO、Fe_2O_3、Cr_2O_3，尤其以 CaO 的侵蚀为主。在方镁石表面形成大量的以 CaO 为主的低熔点生成物，进而破坏以 MgO 为骨架的制品强度。

（4）通过对合成 MgO-$CaZrO_3$ 材料各影响因素的探讨得出制备 MgO-$CaZrO_3$ 材料的最佳工艺参数：采用电熔镁砂和 $CaZrO_3$ 为原料，在 200MPa 成型压力下，于 1650℃下保温 2h 烧成。其体积密度为 $3.86g/cm^3$，常温耐压强度为 81MPa，高温抗弯强度为 2.9MPa。

7 中间包气幕挡墙材料的研究与应用

7.1 中间包吹氩技术

高效率、低成本洁净钢冶炼技术是今后我国钢铁企业发展的重大技术。它包括：(1) 优化的铁水预处理技术；(2) 高效长寿的转炉冶炼技术；(3) 快速协同的二次精炼技术；(4) 高效的全连铸技术；(5) 优化简捷的"流程网络"技术；(6) 动态有序运行的物流技术。其中前四项是基础支撑技术，也是硬件；后两项是集成技术，是软件。前四项技术中的高效全连铸技术是洁净钢高效生产的关键技术，该技术的实现必须要在钢液进入结晶器之前保证有足够的洁净度、稳定的成分和适宜的温度，中间包作为浇筑过程中盛放钢液的最后一个容器，对钢液的洁净度、成分及温度的影响随着洁净钢冶炼技术的发展变得越来越重要。

中间包在连铸过程中的作用有：储存钢液、稳定钢流、缓解钢流对结晶器内的初生坯壳的冲刷；稳定连铸操作、均匀钢液的温度和成分；去除脱氧产物和非金属夹杂物；对于多流连铸机还可以起到分配钢液的作用。此外，中间包还具有消除钢液再污染，防止钢液二次氧化，防止耐火材料侵蚀和钢包涡流卷渣，促使钢中夹杂物进一步去除、合金微调、夹杂物形态控制等功能。为此中间包冶金技术已经发展成为包含有长水口保护浇注及中间包加盖密封技术、洁净钢用中间包内衬耐火材料技术、防止钢包到中间包卷渣技术、大容量中间包和中间包形状优化、流动控制装置优化设计、中间包喂丝技术、中间包碱性覆盖剂技术、中间包加热技术、中间包喷吹惰性气体净化技术在内的一系列技术。其中中间包喷吹惰性气体净化技术由于一方面可以有效改善中间包内钢液的流动形态和夹杂物的运行轨迹，从而达到去除夹杂物的目的，并兼具脱气的作用；另一方面还可以防止或减少钢液中的夹杂物在水口内壁的沉积和结瘤，因此近年来，随着洁净钢冶炼技术的发展而备受重视。在中间包内先后出现并得到应用的吹氩技术有中间包水口吹氩、中间包塞棒吹氩以及中间包底吹氩技术。

7.1.1 中间包水口吹氩技术

浸入式水口保护浇注技术是钢液连铸时使用的关键技术。由于钢液中 Al_2O_3 等夹杂物熔点高，故在钢液中多以固体形式存在。当钢液通过中间包底部的上水口向连铸结晶器内浇注时，由于钢液的截面积缩小、速度变快、局部夹杂物密度增加，因此会造成夹杂物碰撞长大后黏附在粗糙水口的内壁，形成夹杂物的聚集，造成水口的结瘤、堵塞和浇钢事故。中间包吹氩上水口内壁采用了多孔透气层，氩气通过透气层的微小气孔时会在水口内壁表面形成一层氩气气泡膜，氩气泡会捕捉、黏附夹杂物，并夹带着夹杂物进入结晶器后上浮，被钢液表面的保护渣吸附；同时水口内壁形成的气泡膜还可以防止夹杂物黏附，达到缓解夹杂物在内壁聚集的目的，从而减缓上水口内壁结瘤和孔径缩小，防止在连铸过程中发生水口的局部堵塞和漏钢等事故。

中间包水口吹氩技术是一种研究和应用较早，也比较成熟的保护浇注及防止水口堵塞的技术，其吹气控制参数对铸坯质量有重要影响。气泡太大，进入结晶器后上浮速度大，容易引起结晶器弯月面钢液波动大，造成结晶器内保护渣卷入钢液中，在铸坯中形成夹杂物缺陷；气泡太小，上浮速度小，气泡会随钢液进入铸坯中造成铸坯皮下气泡缺陷。大量研究和工业实践表明，中间包水口吹氩技术是一种有效防止钢液氧化，防止浸入式水口堵塞的技术；通过控制合理的吹气参数，还能有效降低连铸坯中夹杂物的含量。

中间包水口吹氩技术的特点是，气泡由弥散型的透气层材料产生，可以有效防止浸入式水口的结瘤和去除钢液中的非金属夹杂物；但是由于产生的气泡大小不一，较小的气泡在结晶器中上浮速度小，容易造成铸坯皮下气孔，同时由于中间包上水口为多孔透气材料制成，因此中间包上水口抗钢液冲刷和侵蚀的性能大为降低。

7.1.2 中间包塞棒吹氩技术

通过中间包内塞棒中心的通孔向下吹入氩气是防止水口堵塞的另一种简易而有效措施。它不仅可以防止钢液的氧化以及水口堵塞，而且通过吹入的氩气产生的小气泡还有利于夹杂物的上浮和去除。成旭东等人在研究邯郸钢厂水口堵塞时发现：通过对钢液中的 Al_2O_3 夹杂物进行变性处理，并采取对塞棒进行吹氩等措施，合理地控制吹气参数，不仅解决了水口堵塞的问题，降低了铸坯中夹杂物的含量，而且还稳定了生产节奏，取得了较好的经济效益。攀钢在研究浇铸铝镇静钢时，通过采用中间包塞棒吹氩技术发现该技术不仅能有效防止水口堵塞，增加低碳铝镇静钢的连浇炉数，而且减少了铸坯中的夹杂物和总氧含量，提高了铸坯质量。

中间包塞棒吹氩技术的特点是：工艺设备简单、便于应用实施；但是由于塞棒的中心孔径较大，不便于控制与调节吹气量和气泡的大小，容易在吹气过程中产生较大的气泡，造成结晶器内保护渣的卷渣和铸坯的皮下缺陷。

7.1.3 中间包底部吹氩技术

中间包底部吹氩技术是 20 世纪末借鉴钢包吹氩搅拌技术发展起来的一项新

技术。但是其吹入氩气的作用并不是为了增强对钢液的搅拌，而是通过吹入的气体在钢液中形成一道气幕挡墙清洗钢液，从而达到去除钢液中非金属夹杂物的目的。由于底部吹氩是通过设置在中间包底部沿宽度方向的条形透气砖进行的，当从底部的透气砖内部的气室吹入一定流量的氩气时，吹入的氩气流以微小气泡的形式在中间包内形成一道气泡幕屏障，并形象地被人们称为气幕挡墙。中间包底吹氩形成的气幕挡墙有下面几个非常重要的作用：

（1）由于形成的氩气泡幕垂直于中间包包底钢液流动的方向，与在中间包包底设置挡坝的形式相同，故可以促使中间包内的钢液向中间包上方流动，但其作用比设置挡坝的效果更大。

（2）气幕挡墙形成的微小氩气泡在上浮的过程中，可以吸附钢液中的夹杂物一起上浮到钢液表面，进入中间包表面覆盖的渣中而被去除；特别是对于钢液中的微小夹杂物，当被微小氩气泡捕获时，可以与氩气泡相同的上浮速度达到渣钢界面。

（3）由于中间包底部氩气的吹入搅动了包内的钢液，增加了钢液中夹杂物碰撞长大的机率，因此提高了夹杂物上浮和被去除的机率。

（4）由于吹入氩气形成的气幕屏障，改变了钢液的流动方向，消除了中间包内钢液的短路流，增加了钢液流动路径，延长了钢液在中间包内平均停留时间，增大了活塞流体积比例，减少了死区体积比例，因此进一步增加了细小夹杂物碰撞、长大、上浮进入渣中被去除的空间和时间，提高了夹杂物的去除机率。

大量研究和实践表明，在中间包内设置挡墙、坝等常规控流装置，只对大于 $50\mu m$ 的夹杂物去除有效，而钢液中的小颗粒夹杂物很难通过这种常规的控流装置去除。但是在中间包内合适的位置设置气幕挡墙，并优化吹气参数不仅可以使得气幕挡墙对夹杂物起到隔离作用，阻止其流向水口部位，而且对于小于 $50\mu m$ 的夹杂物也有明显的去除效果；另外，中间包内形成的气幕挡墙对钢液流动特性的影响也比传统的堰坝结构效果明显。因此，中间包气幕挡墙技术近年来受到人们越来越多的重视。

中间包底吹氩技术的特点是：吹入的氩气泡可以有足够的时间在中间包内运动和上浮；去除夹杂物的效果明显优于传统的控流装置；吹入的氩气由底部设置的气幕挡墙材料完成，中间包内钢液的流动速度小，对气幕挡墙材料的冲刷较弱，使用寿命较长。

7.2　吹气元件

7.2.1　吹气元件的类型

钢铁冶金行业使用的吹气元件的类型主要有直通型透气砖、狭缝型透气砖、弥散型透气砖三种。

　　直通型透气砖是在致密耐火砖中设置小直径的定向气孔通道而使耐火砖具有透气性。在制作时，一般采用预埋内径 1mm 左右的金属钢管。在定向气孔透气砖中气体通过一定数量的定径孔道吹进钢液，因此吹入的气体量大。同弥散型透气砖相比，定向气孔透气砖在耐火材料部位不漏气，不易堵塞。它的另一个显著特点是可以用与炉衬砖相同密度的耐火材料来制造，甚至可以用更致密的材料制造，所以直通型透气砖的高温强度大，同时具有较高的抗侵蚀性和抗金属液渗透性，使用寿命较长。另外由于直通型透气砖的供气量大、气泡大、方向性好、比较集中，对金属液的搅拌作用好，因此多用于复吹转炉中，所以也称为转炉供气砖。

　　狭缝型透气砖是在致密砖内留有细缝而使耐火砖具有透气性。通常在生产时，使用预埋一定厚度和数量的塑料片，采用整体浇注成型，然后经烘烤或烧成后使用。狭缝型透气砖多采用致密材料制备，具有较高的高温强度，良好的抗侵蚀性与抗金属渗透性，而且吹开率较高，但易于通过狭缝渗入钢液和熔渣，所以每次使用后需要用氧气清洗表面，防止再次使用时由于残钢和残渣进入狭缝堵塞气道。狭缝式透气砖由于透气量大、吹开率较高，而且使用一定次数后可以更换，所以多用于钢液二次精炼时的钢包底部，因此也称为钢包透气塞。

　　弥散型透气砖通过调整耐火原料的颗粒级配来控制气孔率的大小及孔径分布，通过获得连续的贯通气孔而透气。由于弥散性透气砖中的气孔分布均匀、孔径小，有利于微小气泡的产生；而且弥散型透气砖工作可靠、制备工艺简单、经济性好。但是当弥散型透气砖周期性工作时，会因高温钢液的渗透及低温凝固而堵塞气孔，随着使用时间的延长，吹开率会受到影响；同时由于弥散型透气砖的通气量小，不适于在复吹转炉和钢包中使用，因此目前多使用于中间包内的供气元件中。

7.2.2　吹气元件的材质

　　钢铁冶金行业所用吹气元件的材质有刚玉质、刚玉-莫来石质、锆刚玉质、镁质、镁铝质、镁碳质等。其中镁碳质吹气元件由于高温强度大、抗钢液和炉渣的侵蚀能力强、热震稳定性好、使用寿命长，故多以直通孔的形式经机压成型后，用于转炉底部的供气砖；刚玉类透气元件由于抗钢液冲刷能力强、高温强度大、热震稳定性好，而且不含炭，故多以浇注成型的方式制成狭缝式透气砖或弥散型透气砖，分别应用在钢包底部吹氩或中间包内的吹氩部位。镁质或镁铝质透气元件由于抗钢液的侵蚀能力强，对钢液质量的影响较小，因此多用于中间包内需要吹氩的供气元件中。

7.3　中间包吹气元件的研究

中间包形成气幕挡墙的气体是通过包底设置的透气砖吹入中间包的。透气砖的结构与性能不仅影响整个中间包的使用寿命，而且直接影响吹气元件的冶金功能。从 20 世纪 80 年代初期，人们就开始了对气幕挡墙中间包吹气元件的研究，早期主要是对吹气元件的结构和形式进行研究。随着中间包整体寿命的提高和洁净钢冶金技术的发展要求，对吹气元件材料方面的研究也越来越重要了。

7.3.1　中间包吹气元件的工作条件及要求

中间包气幕挡墙吹气元件安装于中间包底部，长期受到高温钢液的浸泡和侵蚀以及吹入气体的冲刷作用，所以要求吹气元件的材料必须具有较好的热震稳定性、耐钢液和熔渣的侵蚀性和抗钢液和熔渣的渗透性；同时中间包气幕挡墙的作用机理要求必须在钢液中产生微小气泡，而且要求气泡连续分布，因此对吹气元件的结构和性能有特殊要求。具体要求如下：

（1）良好的高温透气性，在高温下不易被钢液润湿；
（2）良好的体积稳定性，吹气过程中气孔不能被钢液渗透堵塞；
（3）良好的热震稳定性，能缓冲在使用过程中由于温度变化产生的热应力；
（4）材料内的气孔孔径小而且气孔分布较均匀，有利于微小气泡的产生。

7.3.2　中间包吹气元件结构形式

为了满足上述工作条件和冶金性能的要求，中间包气幕挡墙吹气元件的形式、结构及安装方式大致经历了一个由复杂到简单实用的过程。最初是通过在中间包底部沿着宽度方向安装多个吹气元件，通过多个吹气元件向中间包内吹入惰性气体，改变钢液的流动状况。由于安装烦琐，而且吹气量很难一致，后来为了更换和砌筑的方便，将组合的多个吹气元件改为沿整个宽度方向设置的整体吹气元件。该整体吹气元件的上部为多孔耐火材料，下部为气室，通过安置于底部或侧墙的导气管把惰性气体引入到气室，再通过上部的多孔材料将气体引入到中间包内。20 世纪 90 年代初期，比利时 CRM 钢厂通过在中间包内埋设透气管，把带有孔洞的气体分配器埋入中间包耐火材料的侧壁和底部。后来奥地利林茨炼钢厂通过在中间包底部安装整体透气砖的方式引入惰性气体，取得了成功。由于该种整体透气砖安装简单、设计合理，目前已经被大多数钢厂采用。可见随着冶金技术的发展和耐火材料技术的进步，中间包底吹透气元件现已发展为结构简单，安装和拆卸方便的整体透气砖。

7.4　中间包气幕挡墙材料的研究

中间包底吹气透气材料（中间包气幕挡墙材料）安装在中间包的底部；为

了获得冶金需要的微小气泡需要在材料中形成孔径小且分布均匀的气孔，这样才能有利于微小气泡的产生，同时又能有效防止钢液的渗透。因此气幕挡墙材料的生产工艺是透气材料研究的关键。人们在耐火材料的生产中为了获得具有各种不同结构和功能的材料，在等径球体密堆理论的指导下，结合材料的生产和研究，于20世纪20~30年代期间提出了经典颗粒堆积理论，现已成为指导耐火材料生产和科研的基础理论。该理论可归类为不连续尺寸颗粒堆积和连续颗粒尺寸分布与堆积两种。

7.4.1　颗粒堆积理论

7.4.1.1　不连续尺寸颗粒堆积

不连续尺寸颗粒堆积是由几级间断的物料粒度进行堆积，从而达到材料的紧密堆积。该理论的出发点是以等径球体先进行紧密堆积，然后再加入较小的等径球体进行填充，从而使材料达到紧密堆积。其中Furnas理论是典型的不连续尺寸颗粒堆积理论。该理论认为，如果加入的小颗粒恰好填入大颗粒的空隙便形成了最密堆积。假设有3种尺寸的颗粒，中颗粒应恰好填入粗颗粒形成的空隙，细颗粒再填入中、粗颗粒形成的空隙，如此便形成了紧密堆积。如果材料是由多级粒度组成，加入的颗粒越来越细时，便可以使材料的气孔率越来越接近零。研究表明，当耐火材料的颗粒级配达到四级以上时，再增加配料级数并不能明显降低材料的气孔，因此对实际生产没有多大意义。

7.4.1.2　连续颗粒尺寸的分布与堆积

经典的连续堆积理论的主要倡导者是Andreasen。他提出了一种基于连续尺寸分布颗粒的堆积理论。该理论认为材料中加入的大颗粒的体积总是细粉总量的恒定分数；同时各种分布的气孔率随其方程中分布模数的减小而下降。该方程存在的缺陷是需要给出无限小尺寸颗粒，这在实际应用中很难做到。因此，实际应用时需要对该方程进行必要的修正。20世纪70年代，Dinger和Funk通过在连续颗粒尺寸分布中引入有限最小颗粒尺寸对Andreasen方程进行了修正。并提出了著名的Dinger-Funk方程，较好地解决了耐火材料颗粒级配的问题。

颗粒级配理论虽然为耐火材料的配料提供了指导，但是在实际生产中还需要根据原料的物理性质、颗粒形状、材料的成型压力、烧成工艺和使用性能等要求进行综合考虑并加以修正。

7.4.2　中间包气幕挡墙材料的研究现状

7.4.2.1　中间包气幕挡墙材料颗粒级配的研究

研究颗粒堆积理论的目的是为了通过材料的密堆使得材料获得极低的气孔

率、较高的致密度，而中间包气幕挡墙材料需要有较多细小的贯通气孔和适当的透气度，因此经典的颗粒堆积理论对于中间包气幕挡墙材料的生产不一定适用。而在耐火材料中获取气孔的方法可以通过一定的等径颗粒级配获得，既可以通过引入发泡剂产生稳定气泡获得，也可以通过在材料中预埋有机物，有机物在高温燃烧后获得气孔。但是不管采用哪种方法，材料的颗粒级配都尤为重要，因此中间包气幕挡墙材料的颗粒级配成为人们研究的重点。

张美杰和朱永军在研究颗粒级配对刚玉-莫来石质浇筑成型透气砖的影响时发现，刚玉-莫来石质弥散型透气材料的颗粒级配对透气材料的强度有很大影响，为了使材料获得一定透气度，要求弥散型透气材料的粒度分布系数要远离颗粒最紧密堆积状态。在满足使用的强度要求下，细粉含量在12%（质量分数）的时候，浇注料的显气孔率达到30%以上，透气性好，浇注料具有比较均匀的孔径分布，孔径主要集中在 $10 \sim 30 \mu m$ 之间。何渊明和吴凯军在研究刚玉质弥散型透气砖时指出采用临界粒度 $1.0 \sim 0.5mm$ 的电熔刚玉制得的透气砖，其透气性能较为理想。丁钰等人研究颗粒分布对机压成型刚玉质弥散式透气砖材料性能的影响时发现，当颗粒级配质量比为粗颗粒（$1 \sim 0.5mm$）：中颗粒（$0.5 \sim 0.3mm$）：细颗粒（$< 0.074mm$）$= 58 : 30 : 12$ 时，可以获得性能满意的透气材料。国家专利分别公开了由史绪波等人发明，使用临界颗粒为 $1mm$ 的镁砂，运用间断不连续配料的方式，采用机压成型后经高温烧成制成的镁质气幕挡墙材料。丰文祥在研究震动成型刚玉质弥散式透气砖材料性能时发现，添加引气剂和泡沫稳定剂，可以通过浇注成型方法制得弥散型透气砖，引气剂和泡沫稳定剂的用量决定了浇注料中气泡的形成、数量、大小和稳定性；引气剂和泡沫稳定剂对浇注料的流动性和养护期间的体积稳定性有一定影响。

7.4.2.2 中间包气幕挡墙材料结合剂的研究

为了使弥散型透气材料获得较高的透气度，配料时细粉的加入量往往都低于致密制品的量，但会造成材料坯体成型后的强度较低，难以脱模和搬运，因此为了使得坯体获得足够的强度，在生产中常常采取加入适量的结合剂方法使得坯体在生产和使用时都能获得足够的强度。由于使用的原料不同，因此选用的结合剂也不同。对于刚玉质弥散型透气砖通常采用的结合剂是纯铝酸钙水泥，纯铝酸钙水泥可以使制品在制作和使用时都能获得较高的强度。而对于镁质弥散型透气砖常常采用微粉或有机结合剂使坯体在成型时获得足够的强度。张美杰在研究刚玉质弥散型透气砖时发现，加入二氧化硅微粉，既可以显著增加其强度，又不降低其显气孔率和透气性。丁钰等人在研究结合剂对刚玉质弥散式透气砖材料性能的影响时发现，采用无机体系黏土作结合剂的透气砖使用性能和物理性能比采用树脂结合体系结合的透气砖要好。

7.4.2.3 中间包气幕挡墙材料材质的研究

中间包气幕挡墙用的弥散型透气材料的材质有刚玉质、刚玉-莫来石质、镁质和镁铝质。例如 K. B 等人报道的镁质气幕挡墙材料在奥地利林茨钢厂的使用应该是最早的气幕挡墙和材料在中间包使用的实例；国内在鞍钢、本钢和太钢以及梅钢等钢厂也有研究和使用气幕挡墙的报道，但是并没有提及所用气幕挡墙材料的材质。耐火材料的材质不同对钢液质量的影响不同。从热力学来看耐火氧化物与钢液在高温下存在一个平衡氧含量（氧势），耐火材料在钢液中平衡氧含量的大小对钢液洁净度有重要影响，因为氧含量高易造成钢液增氧，从而形成非金属夹杂物，影响钢液的洁净度和成分。陈肇友通过以下假设：

（1）当元素在钢液中的溶解量很小时，认为其活度系数接近于 1，可以用浓度代替活度，即 $a_{[M]} = w[\%M]$。

（2）在讨论氧化物或复合氧化物在钢液中的溶解平衡情况时，假设体系中只有 Fe 以及讨论的氧化物或复合氧化物的元素，不存在其他元素，即不考虑其他元素对讨论的氧化物或复合氧化物元素相互作用的影响。

（3）认为复合氧化物在铁液中的溶解，主要是其中较不稳定氧化物的分解溶解，而忽略较稳定氧化物的溶解。

计算了不同氧化物对钢液增氧的趋势，得出耐火氧化物和复合耐火氧化物对钢液的增氧作用由大到小的顺序分别为：$Cr_2O_3 > SiO_2 > Al_2O_3 > MgO > ZrO_2 > CaO$ 和 $MgO \cdot Cr_2O_3 > ZrO_2 \cdot SiO_2 > 3Al_2O_3 \cdot 2SiO_2 > 2MgO \cdot SiO_2 > 2CaO \cdot SiO_2 > MgO \cdot Al_2O_3 > CaO \cdot Al_2O_3$。所以在冶炼氧含量低的钢种时，适宜选用氧化镁质、氧化锆质、氧化钙质或者尖晶石质等耐火材料。部分计算结果见表 7.1。由表 7.1 可以发现，氧化锆对钢液的增氧能力比钢铁行业经常使用的氧化镁材料的增氧能力更弱；锆酸钙复合氧化物材料是表 7.1 中对钢液增氧能力最弱的一种复合氧化物材料，所以锆酸钙材料适合于洁净钢的冶炼。

表 7.1　1600℃氧化物在钢液溶解平衡时，钢液中其他金属元素含量与 $a_{[O]}$ 及 $\lg(p_{O_2}/p^{\ominus})$ 值

耐火氧化物溶解平衡方程式	$\Delta G^{\ominus}_{1873}$ /J·mol^{-1}	$a_{[M]} = 10^{-2}$ 时的 $a_{[O]}$ 值	$a_{[O]}$ 值对应的 $\lg(p_{O_2}/p^{\ominus})$
$Cr_2O_3(s) \Longrightarrow 2[Cr]_{1\%} + 3[O]_{1\%}$	-137138	1.14	-6.69
$SiO_2(s) \Longrightarrow [Si]_{1\%} + 2[O]_{1\%}$	-167253	4.65×10^{-2}	-9.64
$Al_2O_3(s) \Longrightarrow 2[Al]_{1\%} + 3[O]_{1\%}$	-478872	7.61×10^{-4}	-13.04
$MgO(s) \Longrightarrow [Mg]_{1\%} + [O]_{1\%}$	-208621	1.52×10^{-4}	-14.43
$ZrO_2(s) \Longrightarrow [Zr]_{1\%} + 2[O]_{1\%}$	-358996	9.87×10^{-5}	-14.81

耐火氧化物溶解平衡方程式	$\Delta G^{\ominus}_{1873}$ /$J \cdot mol^{-1}$	$a_{[M]} = 10^{-2}$ 时的 $a_{[O]}$ 值	$a_{[O]}$ 值对应 的 $\lg(p_{O_2}/p^{\ominus})$
$CaO(s) \Longrightarrow [Ca]_{1\%} + [O]_{1\%}$	-362979	7.53×10^{-9}	-23.05
$MgO \cdot Cr_2O_3(s) \Longrightarrow MgO(s) + 2[Cr]_{1\%} + 3[O]_{1\%}$	-172260	0.54	-7.33
$ZrO_2 \cdot SiO_2(s) \Longrightarrow ZrO_2(s) + [Si]_{1\%} + 2[O]_{1\%}$	-168260	4.5×10^{-2}	-9.49
$1/2(Al_2O_3 \cdot SiO_2(s)) \Longrightarrow 1/2 Al_2O_3(s) [Si]_{1\%} + [O]_{1\%}$	-179258	3.2×10^{-2}	-9.80
$2MgO \cdot SiO_2(s) \Longrightarrow 2MgO(s) + [Si]_{1\%} + 2[O]_{1\%}$	-226381	6.97×10^{-3}	-11.11
$2CaO \cdot SiO_2(s) \Longrightarrow 2CaO(s) + [Si]_{1\%} + 2[O]_{1\%}$	-307218	5.2×10^{-4}	-13.37
$MgO \cdot Al_2O_3(s) \Longrightarrow MgO(s) + 2[Al]_{1\%} + 3[O]_{1\%}$	-513545	3.6×10^{-4}	-13.68
$CaO \cdot Al_2O_3(s) \Longrightarrow CaO(s) + [Al]_{1\%} + 3[O]_{1\%}$	-532140	2.4×10^{-4}	-14.03
$CaO \cdot ZrO_2(s) \Longrightarrow CaO(s) + [Zr]_{1\%} + 2[O]_{1\%}$	-397509.56	5.46×10^{-6}	-17.383

　　气幕挡墙材料安装在中间包的底部，主要作用是为了获得微小的气泡，达到去除钢液中非金属夹杂物和改变钢液流动状态等冶金目的。而微小气泡的获得与气幕挡墙材料的气孔分布、大小和形状，以及气孔内气体的流速和流量有直接的关系。因此分析研究气泡大小与材料孔径的关系，临界粒度大小、颗粒级配及成型压力与材料孔径分布、大小及形状的关系对气幕挡墙材料的生产有重要的指导意义。

7.5　材料孔径与气泡大小的关系

7.5.1　气泡形成过程

　　当气体经过材料内的气孔由材料的表面进入一定厚度的钢液时，因为气体速度不同，故可以有两种状态：一种是当气流速度较低时，形成单个的离散小气泡；另一种是当气流速度较高时，形成连续的气体射流，随后射流断裂，最终形成大小不同的气泡。当氩气气流通过气幕挡墙材料孔口形成气泡时，可以认为氩气泡形成经历了气泡孕育、气泡膨胀和气泡脱离三个阶段。在第一阶段，气体压力有一个积聚过程，当气体压力达到毛细压力时才能成为气泡；第二阶段，气泡受内外压差的影响产生膨胀并长大，但其底部仍保持与孔口接触；在第三阶段，气泡底部从孔口向上移动，并以细颈与孔口接触，最终形成气泡，最后在气体内部压力的作用下，进一步膨胀，并脱离孔口，形成上浮气泡。

7.5.2　作用于气泡上的力

　　在流动的钢液中，底部气幕挡墙材料表面气泡的形成、长大和脱离与气泡所受的力是分不开的。作用于气泡上的力主要有以下几种。

（1）浮力。浮力是由气、液两相之间的密度差引起的。

$$F_f = (\rho_1 - \rho_g) V_g g \qquad (7.1)$$

式中　F_f——氩气泡受到的浮力，N；

　　　ρ_1——钢液的密度，kg/m^3；

　　　ρ_g——氩气体的密度，kg/m^3；

　　　V_g——氩气泡的体积，m^3；

　　　g——重力加速度，m/s^2。

（2）表面张力。表面张力引起的附加力由式（7.2）计算：

$$F_b = \pi D \sigma_1 \qquad (7.2)$$

式中　F_b——氩气泡受到的表面张力，N；

　　　D——材料孔口的当量直径，m；

　　　σ_1——钢液的表面张力系数，N/m。

（3）黏性力。黏性力是钢液相对于气泡的阻力。假设钢液绕生长着的气泡流动，并不发生分离现象。作为近似计算，可应用斯托克斯阻力公式，即：

$$F_D = 6 \pi \mu_1 r_g u_b \qquad (7.3)$$

式中　F_D——氩气泡受到的黏性力，N；

　　　μ_1——钢液的动力黏度系数，$N \cdot s/m^2$；

　　　r_g——氩气泡的半径，m；

　　　u_b——氩气泡的膨胀速度，m/s。

（4）惯性力。当出流气体流量一定时，气泡以相应的速率膨胀，引起动量改变。惯性力为：

$$F_M = \frac{d}{dt}(m u_b) \qquad (7.4)$$

式中　F_M——氩气泡受到的惯性力；

　　　m——氩气泡的表观质量，等于气体的质量与包围气泡的液体的质量（相当于氩气泡体积的11/16）。

则：

$$m = \left(\rho_g + \frac{11}{16}\rho_1\right) V_g \qquad (7.5)$$

由于$\rho_1 \gg \rho_g$，所以：

$$m = \frac{11}{16}\rho_1 V_g \qquad (7.6)$$

（5）水平推力。当钢液横向流动时的，由底部透气砖产生的气泡将受到钢液横向流动产生的水平推力：

$$F_t = C_t \frac{1}{2} \rho_1 u_1^{-2} \pi r_g^2 \tag{7.7}$$

式中　F_t——氩气泡受到的水平推力，N；

　　　C_t——推力系数；

　　　u_1——钢液的运动速度，m/s。

如果氩气泡的雷诺数 Re_g 小于 3×10^5，则推力系数可以按式（7.8）进行计算。

$$C_t = \frac{24}{Re_g}(1 + 0.15 Re_g^{0.678}) + \frac{0.42}{1 + 4.25 \times 10^4 Re_g^{-1.16}} \tag{7.8}$$

$$Re_g = \frac{u_g \rho_g D}{\mu_g} \tag{7.9}$$

式中　Re_g——氩气泡的雷诺数；

　　　μ_g——氩气的动力黏度系数；

　　　u_g——氩气通过材料气孔的速度，m/s。

7.5.3　材料孔径尺寸计算

当氩气流量较小时，氩气泡受到的黏性力和惯性力可以忽略。同时如果铸坯的拉速较小，则钢液贴近包底流动时层流底层的速度很小，此时孔口气泡受到的横向水平推力可以忽略。氩气泡在钢液中的情况如图 7.1 所示。

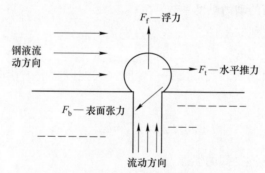

图 7.1　氩气泡在钢液中的受力示意图

此时氩气泡受到的浮力与表面张力相平衡，故有：

$$F_f = (\rho_1 - \rho_g)V_g g = F_b = \pi D \sigma_1 \cos\theta \tag{7.10}$$

式中　θ——氩气泡壁面与耐火材料的接触角，（°）。

当钢液与耐火材料接触时可以认为钢液不能润湿耐火材料，同时气泡的直径远大于材料气孔的直径，可以取 $\theta = 0°$，故可以求得：

$$D = \frac{(\rho_1 - \rho_g)V_g g}{\pi \sigma_1} \tag{7.11}$$

根据金友林的研究，为了使钢液中的气泡能有效去除夹杂，要求气泡的大小在 1~5mm 之间，太小容易溶解在钢液中不易排出，太大则在钢液表面产生破裂时扰动钢液；同时考虑到气幕挡墙材料表面的气孔的静压力的影响，因此在气幕挡墙材料孔口产生的气泡大小应该小于 5mm。根据气泡上浮过程中静压力减小产生的体积膨胀可以计算出脱离孔口的气泡大小应该在 0.841~4.205mm 之间。

由于 $\rho_l \gg \rho_g$，因此将所需获得的气泡直径和表 7.2 中相应的物性参数代入式（7.11）可得：

$$\frac{7040 \times \frac{4}{3}\pi\left(\frac{0.841 \times 10^{-3}}{2}\right)^3 \times 9.81}{\pi \times 1.40} \leq D \leq \frac{7040 \times \frac{4}{3}\pi\left(\frac{4.205 \times 10^{-3}}{2}\right)^3 \times 9.81}{\pi \times 1.40}$$

$$(7.12)$$

可得：$0.005\text{mm} \leq D \leq 0.611\text{mm}$。因此可以认为材料中需要获得气孔的当量直径在 0.005~0.611mm 之间。

表 7.2　钢液-氩气的主要物性参数

物理量	钢液密度 /kg·m⁻³	钢液黏度 /Pa·s	气体密度 /kg·m⁻³	钢液与氩气的表面张力系数/N·m⁻¹	钢液与耐火材料的表面张力系数/N·m⁻¹
数值	7040	0.006293	0.342	1.40	1.0

7.6　气幕挡墙材料临界粒度的确定

7.6.1　实验方案

气幕挡墙材料要求有合理的气孔率和孔径大小以及结合强度，因此需要有合适的临界粒度和细粉量。当材料以相同的等径球体作最紧密堆积时，获得的气孔的当量直径等于球体的直径的 1/2，因此根据上节的分析，在气幕挡墙材料中要获得 0.611mm 以下孔径的材料，可以采用小于或等于 1.222mm 不同的临界粒度作为材料配料的基础。当然临界粒度越大，材料中包含的大气孔的尺寸和数量也越多。所以实验中不改变其他颗粒的加入量，选用 1mm 和 2mm 的颗粒作为气幕挡墙材料的临界粒度，并借助微观结构分析气孔的分布情况。实验方案见表 7.3。

表 7.3　临界粒度的实验方案（质量分数）　　　　（%）

编号	电熔镁砂 (1~0.2mm)	电熔镁砂 (2~1.0mm)	电熔镁砂细粉
1 号	85	—	15
2 号	—	85	15

7.6.2　实验原料

本节实验选用的原料有电熔镁砂、α-Al_2O_3 微粉、工业氧化铬（铬绿）等。原料的理化指标见表 7.4。

表 7.4　原料的理化指标

原　料	化学组成（质量分数）/%							物理性能		
	MgO	SiO_2	Al_2O_3	Fe_2O_3	CaO	Cr_2O_3	灼减	密度 /g·cm^{-3}	气孔率/%	D_{50} /μm
电熔镁砂	97.47	0.68	0.16	0.45	1.02	—	0.18	3.54	—	—
α-Al_2O_3 微粉	—	0.25	99.22	0.05	—	—	—	—	0.61	0.57
铬绿	—	—	—	—	—	99.0	0.15	—	—	—

7.6.3　实验过程与检测

将各原料称量后，用小型湿碾机进行混料。混料时，先加入电熔镁砂（1～0.2mm）预混 2min，使镁砂颗粒料混合均匀，然后外加质量含量 3.5%一定浓度的六偏磷酸钠有机溶液继续混练 15～20min。将混练好的物料在 200t 液压机下以 100MPa 的压力压制成 130mm×40mm×40mm 和 φ50mm×50mm 的试样。试样先在 110℃保温 24h 干燥，然后在高温马弗炉中由室温升温至 1600℃保温 3h 烧成。升温曲线为：室温～500℃，8℃/min；500～1000℃，5℃/min；1000～1600℃，3℃/min。试样烧成后随炉冷却备用。

按 GB/T 2997—2000（2004）检测试样的体积密度和气孔率，GB/T 5072.1—1998 检测试样的常温耐压强度，GB/T 3001—2000 检测试样的常温抗弯强度，GB/T 3002—2004 检测试样的高温抗弯强度，GB/T 3000—1999 检测试样的透气度，同时在条形试样上截取小块试样经磨平制成光片后观察试样的微观结构。

7.6.4　实验数据分析与处理

表 7.5 为临界粒度对气幕挡墙材料性能影响的实验数据。从表中可以看出：采用临界粒度为 1mm 的 1 号方案材料的指标除了透气度外均要好于采用临界粒度为 2mm 的 2 号方案的材料，出现这种现象的主要原因是由于临界粒度越小，材料的比表面积越大，材料的分散越好，在细粉相对较少的情况下，材料越容易达到致密，同时高温烧结时越容易烧结，因此材料的强度也越大。而气幕挡墙材料的透气度除了与配料的临界粒度有关外，还与材料的成型压力以及细粉的加入量有直接的关系，最为重要的是虽然材料的透气度相同，如果材料内的气孔大小

和分布不同,那么在使用时产生的气泡的大小也是不同的,因此研究材料的临界粒度选择时,必须还要结合材料的微观结构对材料的气孔形状及大小等方面进行分析。

表 7.5 临界粒度的实验数据

编号	体积密度 /g·cm^{-3}	显气孔率/%	常温耐压 强度/MPa	常温抗弯 强度/MPa	高温抗弯 强度/MPa	透气度 /μm^2
1 号	2.75	22.54	23.4	3.4	2.10	2.37
2 号	2.77	22.73	18.5	2.7	1.38	4.55

7.6.5 微观结构分析

图 7.2 所示为不同临界粒度试样的微观结构照片。从图中可以看出:2 号试样的气孔明显比 1 号试样的气孔大,而且很多气孔都相互连通形成了大气孔,其中有很多气孔的当量直径都大于 1mm,这样大的气孔产生的气泡的体积将远大于前面经过计算的气幕挡墙所需要气泡直径。而 1 号试样的气孔都分布在 1mm 以下,很多都在 0.3mm 以下,这种气孔在合适的气体压力下有利于产生气幕挡墙材料使用时需要大小的气泡。因此通过上面的对比分析气幕挡墙材料的临界粒度应选择为 1mm 比较合适。

(a) 1号

(b) 2号

图 7.2 不同临界粒度试样的 SEM 图片

7.7 颗粒级配对气幕挡墙材料性能的影响

当确定了气幕挡墙材料的临界粒度为 1mm 后,由于材料气孔形状、大小及分布不仅与临界粒度有关,还与材料的颗粒级配有直接的关系,因此还需要专门研究颗粒和细粉的加入量和加入形式对气幕挡墙材料性能的影响。实验设计中考虑到锆酸钙材料合成时必须使用含 CaO 成分的材料，而含 CaO 材料如果配料方案不恰当在高温下煅烧后会产生游离的 CaO，游离 CaO 的水化后会影响气幕挡墙材料的透气度，因此在设计实验方案时，没有直接制作 MgO-$CaZrO_3$ 质气幕挡墙材料，而是先制作 MgO-$MgAl_2O_4$ 气幕挡墙材料。一方面是 MgO-$MgAl_2O_4$ 材料不水化；另一个原因是 MgO 和 Al_2O_3 形成 $MgAl_2O_4$ 时也会产生 7% 的膨胀，这与 CaO 和 ZrO_2 形成 $CaZrO_3$ 产生的膨胀（6%~7%）相近。在研究了颗粒级配对气幕挡墙材料性能影响得到合理的颗粒级配之后，再在此基础上研究锆酸钙的加入量和加入形式对气幕挡墙材料性能的影响。

实验选用的原料有电熔镁砂、α-Al_2O_3 微粉、工业氧化铬（铬绿）。原料的理化指标见表 7.4。

7.7.1　实验方案

指导耐火材料颗粒级配的方法是颗粒级配理论。但是该方法很难考察材料配料中相互作用给材料带来的影响，同时实验量大、烦琐；而且通常在实验中会经常遇到考察的材料的物理性能指标受很多个因素的影响，有的影响较大，有的影响较小，有的单独起作用，有的则与别的因素联合起来起作用，使问题复杂化，所以要通过实验来选取各个因素的最佳实验状态，这就存在着如何安排实验和如何分析实验结果的问题。

正交试验设计法是目前在工业试验、产品设计开发中应用最为广泛的一种方法；正交试验设计法又称多因素优选试验设计法。该方法以正交表做工具，试验前合理地选择正交表，科学地、有计划、有目的地安排试验方案。试验后经过简单的运算，正确地分析试验结果，从而经过较少的试验次数，找出各因素对指标的影响和最佳试验条件；同时还可通过某种数学方法将条件改变（因素不同水平变化、因素间交互作用的影响）引起的差异与试验误差区别开来，从而可判别条件改变引起结果差异的显著性程度。

正交设计是解决多因素对比实验问题的一个数学方法，其目的是分析因素对所考察的指标是否有显著影响或者寻找最优实验方案（或最优生产工艺条件）。应用正交设计可以利用最少的有效实验组数，帮助人们在实验中搞清每个因素对实验结果影响的大小，分清主次。具体地说，它能明确解决下面几个问题：

（1）因素的主次，即各因素对所考察指标影响的大小顺序。

（2）因素与指标的关系，即每个因素各水平不同时，考察的指标是怎样变化的。

（3）什么是最好的生产条件或工艺条件，即怎样选择生产条件或工艺条件。

（4）进一步明确实验方向，为进一步的实验提供指导。

针对影响镁质透气材料的研究，本实验采用正交设计的方法进行实验，以电熔镁砂（1~0.2mm）为骨料，通过调整电熔镁砂（<0.2mm）、a-Al$_2$O$_3$微粉、电熔镁砂细粉、Cr$_2$O$_3$细粉的加入量研究气幕挡墙材料的性能。

本次实验采取正交设计的方法来进行镁质气幕挡墙材料的最优化设计研究。因素选取4个：A=电熔镁砂（<0.2mm），B=α-Al$_2$O$_3$微粉，C=电熔镁砂细粉，D=Cr$_2$O$_3$细粉；每个因素各选取3个水平（质量分数,%）：

电熔镁砂（<0.2mm）： A$_1$=0； A$_2$=3； A$_3$=6；

α-Al$_2$O$_3$微粉： B$_1$=5； B$_2$=8； B$_3$=10；

电熔镁砂细粉： C$_1$=2； C$_2$=4； C$_3$=6；

Cr$_2$O$_3$细粉： D$_1$=0； D$_2$=1； D$_3$=2。

具体的实验方案见表7.6。

表 7.6 气幕挡墙材料实验方案（质量分数） （%）

编号	电熔镁砂 <0.2mm	α-Al$_2$O$_3$ 细粉	电熔镁砂细粉 0.044mm	Cr$_2$O$_3$ 细粉	电熔镁砂 1~0.2mm
1 号	0	5	2	0	93
2 号	0	8	4	1	87
3 号	0	10	6	2	82
4 号	3	5	4	2	86
5 号	3	8	6	0	83
6 号	3	10	2	1	84
7 号	6	5	6	1	82
8 号	6	8	2	2	82
9 号	6	10	4	0	80

通过对不同因素水平下实验数据平均值的比较，直观分析出每个因素对指标影响大小，区分出对气幕挡墙材料性能影响的主要因素和次要因素。

7.7.2 实验过程与检测

实验过程与试验检测同7.2.3节。

7.7.3 实验数据分析与处理

7.7.3.1 实验数据

表7.7为颗粒级配对气幕挡墙材料性能影响的实验数据。

表 7.7　气幕挡墙材料的实验数据

编号	线变化率/%	耐压强度/MPa	高温抗弯强度/MPa	体积密度/g·cm⁻³	显气孔/%	透气度/μm²
1 号	0.11	21.25	2.52	2.73	23.21	1.94
2 号	0.74	17.50	4.07	2.73	23.50	1.52
3 号	1.11	15.31	2.14	2.74	23.21	0.68
4 号	0.57	15.63	2.17	2.76	22.61	1.87
5 号	0.43	19.38	2.41	2.79	21.77	0.91
6 号	0.79	14.69	2.28	2.78	22.12	0.8
7 号	0.13	44.06	3.75	2.83	20.79	0.81
8 号	0.55	27.81	2.78	2.78	22.32	1.02
9 号	0.53	35.00	3.88	2.82	20.65	0.79

7.7.3.2　颗粒级配对气幕挡墙材料性能影响分析

A　极差分析

分别对 9 组实验的试样进行线变化率、常温耐压强度、高温抗弯强度、体积密度、显气孔率、透气度的极差分析，分析结果分别见表 7.8~表 7.13。

表 7.8　线变化率实验结果极差分析

因　素	A	B	C	D
I_j	1.97	0.82	1.45	1.08
II_j	1.80	1.72	1.84	1.66
III_j	1.21	2.44	1.68	2.23
I_j^2	3.87	0.67	2.11	1.17
II_j^2	3.24	2.96	3.40	2.75
III_j^2	1.46	5.95	2.82	4.99
$\overline{I_j}$	0.66	0.27	0.48	0.36
$\overline{II_j}$	0.60	0.57	0.61	0.55
$\overline{III_j}$	0.40	0.81	0.56	0.74
R_j	0.26	0.54	0.13	0.38

表 7.9 常温耐压强度实验结果极差分析

因素	A	B	C	D
I_j	54.06	80.94	63.75	75.63
II_j	49.70	64.69	68.13	76.25
III_j	106.87	65.00	78.75	58.75
I_j^2	2922.48	6551.28	4064.06	5719.90
II_j^2	2470.09	4184.80	4641.70	5814.06
III_j^2	11421.20	4225.00	6201.56	3451.56
$\overline{I_j}$	18.02	26.98	21.25	25.21
$\overline{II_j}$	16.57	21.56	22.71	25.42
$\overline{III_j}$	35.62	21.67	26.25	19.58
R_j	19.06	5.42	5.00	5.83

表 7.10 高温抗弯强度实验结果极差分析

因素	A	B	C	D
I_j	8.73	8.44	7.58	8.81
II_j	6.86	9.26	10.12	10.1
III_j	10.41	8.3	8.3	7.09
I_j^2	76.21	71.23	57.46	77.62
II_j^2	47.06	85.75	102.41	102.01
III_j^2	108.37	68.89	68.89	50.27
$\overline{I_j}$	2.91	2.81	2.53	2.94
$\overline{II_j}$	2.29	3.09	3.37	3.37
$\overline{III_j}$	3.47	2.77	2.77	2.36
R_j	1.18	0.32	0.85	1.00

表 7.11 体积密度实验结果极差分析

因素	A	B	C	D
I_j	8.21	8.32	8.29	8.34
II_j	8.33	8.29	8.31	8.33
III_j	8.42	8.34	8.36	8.28
I_j^2	67.33	69.30	68.65	69.58

续表 7.11

因素	A	B	C	D
II_j^2	69.34	68.73	69.09	69.41
III_j^2	70.93	69.56	69.84	68.60
$\overline{\mathrm{I}}_j$	2.74	2.77	2.76	2.78
$\overline{\mathrm{II}}_j$	2.78	2.76	2.77	2.78
$\overline{\mathrm{III}}_j$	2.81	2.78	2.79	2.76
R_j	0.07	0.02	0.03	0.02

表 7.12　显气孔率实验结果极差分析

因素	A	B	C	D
I_j	69.92	66.60	67.65	65.63
II_j	66.49	67.59	66.75	66.40
III_j	63.76	65.98	65.76	68.14
I_j^2	4888.40	4435.82	4576.83	4307.16
II_j^2	4421.15	4568.43	4456.20	4409.32
III_j^2	4065.73	4353.34	4325.02	4643.09
$\overline{\mathrm{I}}_j$	23.31	22.20	22.55	21.88
$\overline{\mathrm{II}}_j$	22.16	22.53	22.25	22.13
$\overline{\mathrm{III}}_j$	21.25	21.99	21.92	22.71
R_j	2.05	0.54	0.63	0.84

表 7.13　透气度实验结果极差分析

因素	A	B	C	D
I_j	4.14	4.2	3.34	3.22
II_j	3.58	3.87	4.6	3.55
III_j	2.62	2.27	2.4	3.57
I_j^2	17.14	17.64	11.16	10.37
II_j^2	12.82	14.98	21.16	12.6
III_j^2	6.86	5.15	5.76	12.74
$\overline{\mathrm{I}}_j$	1.38	1.4	1.11	1.07
$\overline{\mathrm{II}}_j$	1.19	1.29	1.53	1.18
$\overline{\mathrm{III}}_j$	0.87	0.76	0.8	1.19
R_j	0.51	0.64	0.73	0.12

上述各表中：

I_j 为第 j 因素第一水平对应的数据之和。

II_j 为第 j 因素第二水平对应的数据之和。

III_j 为第 j 因素第三水平对应的数据之和。

I_j^2 为第 j 个因素第一水平对应的数据之和的平方；

II_j^2 为第 j 个因素第二水平对应的数据之和的平方；

III_j^2 为第 j 个因素第三水平对应的数据之和的平方；

$\overline{I_j}$ 为第 j 个因素第一水平对应的数据之和的平均值；

$\overline{II_j}$ 为第 j 个因素第二水平对应的数据之和的平均值；

$\overline{III_j}$ 为第 j 个因素第三水平对应的数据之和的平均值；

R_j 为第 i 因素各水平的综合平均值的极差，即：$R_i = \max\{\,I_j,\ II_j,\ III_j\,\} - \min\{\,I_j,\ II_j,\ III_j\,\}$，式中 $j = 1,\ 2,\ 3,\ 4$。

由表中的 I_j、II_j、III_j、R_j 含义和极差分析的含义可知：

I_1、II_1、III_1、R_1 反映了因素 A 的情况；

I_2、II_2、III_2、R_2 反映了因素 B 的情况；

I_3、II_3、III_3、R_3 反映了因素 C 的情况；

I_4、II_4、III_4、R_4 反映了因素 D 的情况。

由极差分析可知，每个因素各水平的综合平均值的极差越大，R_j 就越大，反映这个因素的水平变动时指标波动越大，由此可以根据极差数值的大小顺序排列出因素影响的主次为：

线变化率：B>D>A>C；

常温耐压强度：A>D>B>C；

高温抗弯强度：A>D>C>B；

体积密度：A>C>D＝B；

显气孔率：A>D>C>B；

透气度：C>B>A>D。

在实验中，仅仅考虑各因素对材料性能的影响大小是不够的，还要进一步考虑每个因素加入量的变化对材料性能的影响，以寻求最好的颗粒级配。

通过对每个因素以检测指标为纵坐标、因素的水平为横坐标作因素-指标直观图。

图 7.3 所示为 1600℃ 保温 3h 后各因素的加入量与试样线变化率的关系。从图中可以看出，随着电熔镁砂（<0.2mm）加入量的增加，试样的线变化率呈现逐渐减小的趋势。当不加电熔镁砂（<0.2mm）时，试样的线变化率最大；随着 α-Al$_2$O$_3$ 微粉加入量的增加，试样的线变化率呈现逐渐增加的趋势。这是由于材

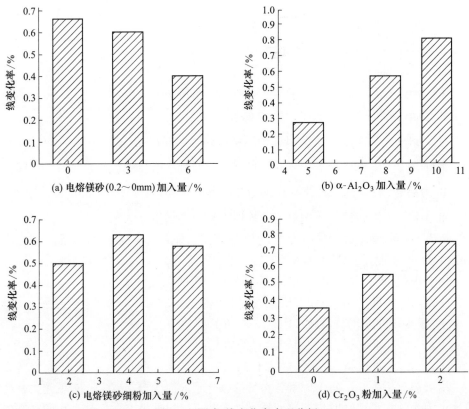

图 7.3 因素-线变化率直观分析

料的基质中电熔镁砂、$\alpha\text{-}Al_2O_3$ 微粉的存在，在烧成温度下很容易反应生成镁铝尖晶石，而生成镁铝尖晶石的过程中，材料产生体积膨胀，所以材料的线膨胀率逐渐增加。随着电熔镁砂细粉加入量的增加，试样的线变化率呈现先增大后减小的趋势，当电熔镁砂细粉的加入量为 4%（质量分数）时，试样的线变化率最大；这依然是由于材料中生成了镁铝尖晶石产生的膨胀而引起的，只是当电熔镁砂细粉的加入量超过 4%（质量分数）时，由于基质部分镁砂和 $\alpha\text{-}Al_2O_3$ 微粉的比例不当，造成生成的尖晶石量减少了。随着工业氧化铬粉加入量的增加，试样的线变化率呈现逐渐增加的趋势。当工业氧化铬粉的加入量为 2%（质量分数）时，试样的线变化率最大。主要原因是工业氧化铬粉的加入会促进尖晶石的生成和长大，使得材料的线变化率增加。

图 7.4 所示为因素-高温抗弯强度直观分析图。

从图 7.4 中可以看出：（1）随着电熔镁砂（≤0.2mm）加入量的增加，试样的高温抗弯强度先减小后增大。这是由于随着电熔镁砂（≤0.2mm）加入量的增加，试样的致密度增加，材料的结合更加紧密，同时随着电熔镁砂（≤0.2mm）

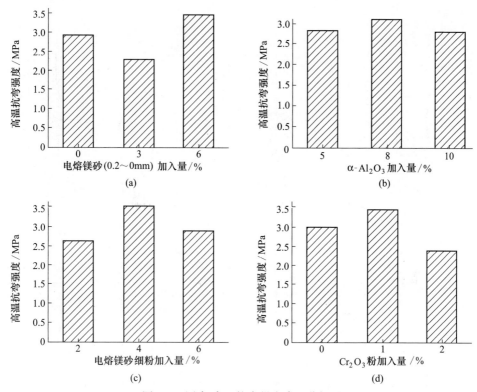

图 7.4　因素-高温抗弯强度直观分析图

加入量的增加，试样的中基质的用量减少，使得生成的尖晶石的量减少，从而减少了试样的高温抗弯强度。（2）随着 α-Al_2O_3 微粉和 Cr_2O_3 细粉加入量的增加，试样的高温抗弯强度先增大后减小。这是由于 α-Al_2O_3 微粉和 Cr_2O_3 细粉与镁砂形成的尖晶石的量增加，提高了材料的直接结合程度，有利于材料高温抗弯强度的提高。但尖晶石的生成伴随有一定程度的体积膨胀，这会在材料中产生裂纹，加入量过大反而对材料的高温抗弯强度不利。（3）随着电熔镁砂细粉（≤0.044mm）加入量的增加，试样的高温抗弯强度先增大后减小，原因是随着电熔镁砂细粉（≤0.044mm）加入量的增加，试样中尖晶石的生成量会随着电熔镁砂细粉（≤0.044mm）加入量的增加，这样试样的高温抗弯强度也会增加，但是同时当电熔镁砂细粉（≤0.044mm）加入量达到6%（质量分数）时，由于材料基质中氧化镁和氧化铝的比例不当，使得生成的尖晶石量反而减少，从而会使材料的高温抗弯强度降低。从镁质弥散型透气砖的使用来看，高温抗弯强度应该越大越好。再结合高温抗弯强度的极差分析表可以看出 A1、B2、C2、D2 是最佳方案。

图 7.5 所示为 1600℃保温 3h 后各因素的加入量与试样常温耐压强度的关系。从图中可以看出，随着电熔镁砂（<0.2mm）加入量的增加，试样的常温耐压强

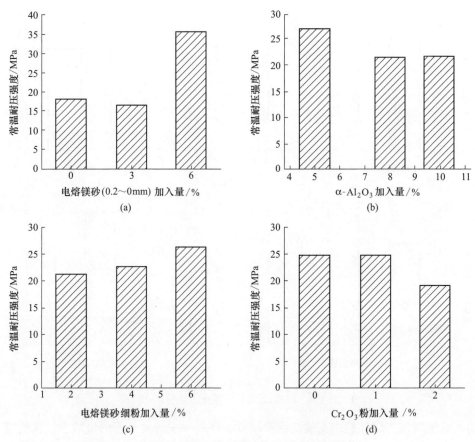

图7.5　因素-常温耐压强度直观分析图

度呈现增大的趋势，因为电熔镁砂（<0.2mm）加入后可以有效充填材料中的气孔，使材料致密化，进而提高材料的常温耐压强度。随着 α-Al_2O_3 微粉加入量的增加，试样的常温耐压强度呈现先减小后增大的趋势。当 α-Al_2O_3 微粉的加入量为5%（质量分数）时，试样的常温耐压强度最大。随着电熔镁砂细粉加入量的增加，试样的常温耐压强度呈现逐渐增大的趋势。当电熔镁砂细粉的加入量为6%（质量分数）时，试样的常温耐压强度最大。随着工业氧化铬粉加入量的增加，试样的常温耐压强度呈现先增大后减小的趋势。当工业氧化铬粉的加入量为1%（质量分数）时，试样的常温耐压强度最大。烧成耐火材料的常温抗弯强度是衡量制品在高温下是否充分烧结的重要指标。常温烧后强度大，一方面可能是由于制品在高温烧成时有较多的液相生成，冷却后生成了玻璃相而出现烧后常温强度大的情况；另一方面可能是制品在高温烧成时生成了第二高温固相，促进了材料的直接结合，提高了制品的常温抗弯强度；但是如果生成的第二高温固相产生了较大的体积膨胀，则不利于材料的高温烧结，降低材料的烧后常温强度。上

述材料中 α-Al$_2$O$_3$ 微粉和氧化铬细粉的变化出现的情况就与高温烧成时生成了尖晶石，产生了较大的体积膨胀有直接的关系。而镁砂颗粒和细粉的影响则是促进材料中方镁石颗粒的长大，提高材料的烧后常温强度。

图 7.6 和图 7.7 所示分别为 1600℃ 保温 3h 后各因素的加入量与试样显气孔率和体积密度的关系。从图中可以看出：随着电熔镁砂（<0.2mm）加入量的增加，试样的显气孔率呈现逐渐减小的趋势，体积密度呈现逐渐增加的趋势。出现这种现象的原因是随着电熔镁砂（<0.2mm）加入量的增加，由于配料时采用间断颗粒级配在材料中形成的气孔得到了有效填充，因此出现了致密度随电熔镁砂（<0.2mm）的加入量增加而增加的现象。随着 α-Al$_2$O$_3$ 微粉加入量的增加，试样的显气孔率呈现先增大后减小，体积密度呈现先减小后增加的趋势。当 α-Al$_2$O$_3$ 微粉的加入量为 8%（质量分数）时，试样的显气孔率最大，体积密度最小。出现这种现象的原因是随着 α-Al$_2$O$_3$ 微粉的加入量的增加，材料中的尖晶石的生成量增加，体积膨胀加剧，体积密度减小，气孔率增加。但是当 α-Al$_2$O$_3$ 微粉的加

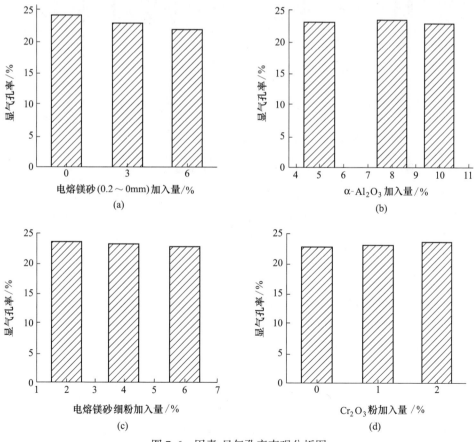

图 7.6 因素-显气孔率直观分析图

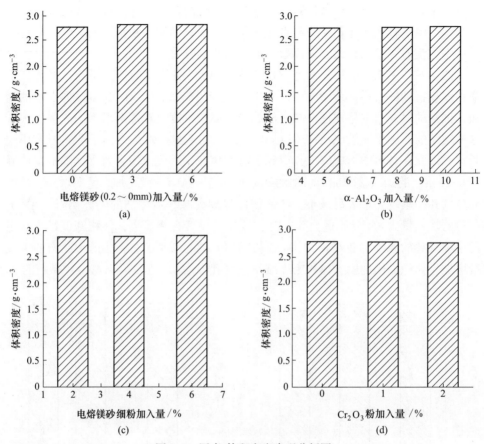

图 7.7 因素-体积密度直观分析图

入量超过 8% 后，由于配料基质中的氧化铝和氧化镁的比例关系失衡，造成材料中生成的尖晶石的量减小，从而出现了后面当 α-Al$_2$O$_3$ 微粉的加入量再增加时，体积密度增加、气孔率减小的现象。随着电熔镁砂细粉加入量的增加，试样的显气孔率呈现逐渐减小、体积密度呈现逐渐增加的趋势。电熔镁砂细粉的加入，主要是充填了材料中的气孔，起到了增加材料致密度的作用。随着工业氧化铬粉加入量的增加，试样的显气孔率呈现逐渐增大的趋势，体积密度呈现逐渐减小的趋势。出现这种现象的原因主要是由于工业氧化铬粉加到材料中后促进了材料中尖晶石的生成和长大，尖晶石生成和长大过程中伴随的体积膨胀将使得材料的体积密度降低、气孔增加。

　　图 7.8 所示为 1600℃ 保温 3h 后各因素的加入量与试样透气度的关系。从图中透气度的均值可以看出：（1）随着电熔镁砂（≤0.2mm）加入量的增加，材料的透气度逐渐减小。原因是随着电熔镁砂（≤0.2mm）加入量的增加，试样更容易达到最紧密堆积，显气孔率减少，透气度也随之降低。（2）随着 α-Al$_2$O$_3$ 微

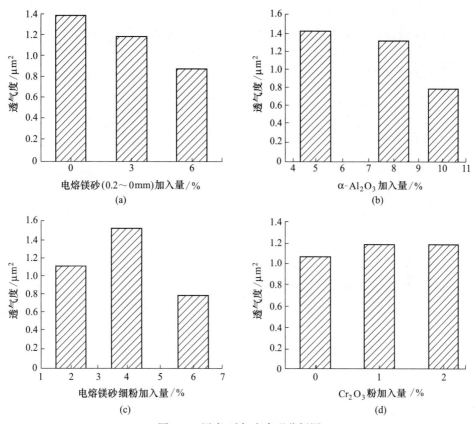

图7.8 因素-透气度直观分析图

粉加入量的增加,材料的透气度逐渐减小,这是由于随着 α-Al_2O_3 微粉加入量的增加,其更能有效地填充材料中的气孔,使得材料的致密度增加,透气度降低。(3) 随着电熔镁砂细粉（ $\leq 0.044mm$ ）加入量的增加,材料的透气度先增加后减小。一方面是由于随着电熔镁砂细粉（ $\leq 0.044mm$ ）加入量的增加,材料中的气孔得到填充;另一方面材料由于电熔镁砂的加入在材料中生成了较多的镁铝尖晶石,产生较大的体积膨胀,材料中形成了较多的微小裂纹,使得材料的透气度又增加。但当电熔镁砂细粉（ $\leq 0.044mm$ ）的加入质量分数达到6%（质量分数）时,由于基质中氧化镁和氧化铝的比例不当,使得生成的尖晶石量反而减少,因而材料的透气度降低。(4) 随着 Cr_2O_3 细粉加入量的增加,试样的透气度逐渐增加,原因是当材料中引入 Cr_2O_3 粉时,材料中生成的镁铝铬尖晶石的量增多,从而产生的膨胀增加,微小裂纹也更多,从而透气度增加。但是变化不大,原因是 Cr_2O_3 细粉加入量的变化幅度小。由于透气砖的透气度即要在一定压力下能透气,还不得产生很大的透气量。单从材料的透气度来看,A1、B1、C2、D3是较好的方案。

B　方差分析

在实验过程中，如果存在波动，就需要对因数显著性进行检验，分析方法是方差分析。计算方法如下。

总的偏差平方和：

$$S_{总} = W - P \tag{7.13}$$

$$W = \sum_{i=1}^{N} x_i^2 \tag{7.14}$$

$$P = \left(\sum_{i=1}^{N} x_i \right)^2 / N \tag{7.15}$$

式中　N——试验组数。

每个因素的偏差平方和：

$$S_j = Q_j - P \quad (j = 1, 2, 3, 4) \tag{7.16}$$

Q_j 是第 j 个因素第一水平数据和的平方+第二水平数据和的平方+第三水平数据和的平方被 L 除而得，L 为水平数，即：

$$Q_j = (\mathrm{I}_j^2 + \mathrm{II}_j^2 + \mathrm{III}_j^2)/3 \quad (j = 1, 2, 3, 4) \tag{7.17}$$

每个因素的自由度：

$$f_j = 水平数 - 1 = 3 - 1 = 2 \quad (j = 1, 2, 3, 4) \tag{7.18}$$

误差的均方差：

$$MS_e = S_e / f_e \tag{7.19}$$

式中，$S_e = S_{e_1}$，S_{e_1} 取因素偏差平方和 S_j 中的最小值；$f_e = f_{e_1}$，f_{e_1} 取其因素的自由度。

每个因素的均方差：　　$$MS_j = S_j / f_j \tag{7.20}$$

每个因素的检验值：　　$$F_j = \frac{S_j / J_j}{S_e / f_e} \tag{7.21}$$

表7.14为实验各因素对高温抗弯强度影响的方差分析。从表中可知，因素A（电熔镁砂0.2~0mm）和因素D（Cr_2O_3 细粉）的 F 检验值在 $F^{0.05} = 6.39$ 和 $F^{0.01} = 15.98$ 的范围内，所以它们对气幕挡墙材料的高温抗折性能有显著的影响。

表7.14　实验各因素的高温抗弯强度方差分析

偏差来源	偏差平方和	自由度	均方差	F 检验值	显著性
因素 A	2.10	2	1.05	11.67	显著
因素 B	0.18	2	0.09	1.00	影响很小
因素 C	1.14	2	0.57	6.33	有影响
因素 D	1.52	2	0.76	8.44	显著

注：方差检验显著性判断值：$F^{0.01} = 15.98$；$F^{0.05} = 6.39$；$F^{0.25} = 2.06$。

主要原因是 0.2~0mm 电熔镁砂的引入可以显著改善材料的致密度，使材料达到最紧密堆积，从而对材料的高温抗弯强度影响显著；Cr_2O_3 细粉的引入可以与镁砂生成尖晶石，促进材料中镁铝尖晶石的长大，从而可以显著改善材料的高温抗弯强度；而且在研究加入量的范围内电熔镁砂 0.2~0mm 的影响比 Cr_2O_3 细粉的影响要大。因素 C（电熔镁砂细粉）的 F 检验值在 $F^{0.25} = 2.06$ 和 $F^{0.05} = 6.39$ 的范围内，可见电熔镁砂细粉对气幕挡墙材料的高温抗弯强度有一定的影响。主要原因是电熔镁砂细粉可以在材料中与氧化铝微粉和氧化铬细粉生成尖晶石，对材料的高温抗弯强度有利；但是由于加入量变化不大，所以影响效果不明显。因素 B（$\alpha\text{-}Al_2O_3$ 微粉）的 F 检验值 $< F^{0.25} = 2.06$，可见 $\alpha\text{-}Al_2O_3$ 微粉对气幕挡墙材料高温抗弯的影响很小，原因是 $\alpha\text{-}Al_2O_3$ 微粉的加入量在试样中的变化并没有显著影响材料中尖晶石的生成量，所以对材料的高温抗弯强度的影响很小。

表 7.15 为实验各因素对透气度影响的方差分析。从表中可知，因素 A（电熔镁砂 0.2~0mm）、因素 B（$\alpha\text{-}Al_2O_3$ 微粉）和因素 C（电熔镁砂细粉）的 F 检验值均大于 $F^{0.01} = 15.98$，所以它们对气幕挡墙材料的透气度有非常显著的影响；而素 D（Cr_2O_3 细粉）的 F 检验值 $< F^{0.25} = 2.06$，可见 Cr_2O_3 细粉对材料透气度的影响很小。主要原因是 0.2~0mm 电熔镁砂、$\alpha\text{-}Al_2O_3$ 微粉和电熔镁砂细粉在实验条件下均可以有效充填颗粒形成的气孔，并且在实验加入量和变化范围内都对材料的透气度造成了非常显著影响；而因素 D（Cr_2O_3 细粉）的加入量和变化幅度均很小，所以对材料的透气度影响可以忽略。由于弥散型透气砖的高温抗弯强度是越大越好，而透气度指标应保持在一合适的范围内，同时 Cr_2O_3 细粉对透气度的影响可以忽略，并且采用 D_3 水平和 D_2 水平的透气度平均值差别也很小，所以综合以上的分析结果，选用 A_1、B_2、C_2、D_2 方案，即试样 2 号为最佳方案。

表 7.15　实验各因素的透气度方差分析

偏差来源	偏差平方和	自由度	均方差	F 检验值	显著性
因素 A	0.39	2	0.195	16.96	非常显著
因素 B	0.71	2	0.305	30.86	非常显著
因素 C	0.813	2	0.4065	35.35	非常显著
因素 D	0.023	2	0.0165	1.00	影响很小

注：方差检验显著性判断值：$F^{0.01} = 15.98$；$F^{0.05} = 6.39$；$F^{0.25} = 2.06$。

7.8　成型压力对气幕挡墙材料性能的影响

耐火材料的成型压力主要是为了使泥料获得需要的形状，坯体获得必要的强度和密度。耐火材料的致密度和透气度除了与颗粒级配有关外，还与材料的成型压力有直接的关系，通常成型压力越大，材料越致密、透气性越差，而且成型压力对气幕挡墙材料的影响更大。本节介绍不同的成型压力对气幕挡墙材料性能的影响。

7.8.1 实验过程与检测

实验选用电熔镁砂、$\alpha\text{-}Al_2O_3$ 微粉、工业氧化铬（Cr_2O_3 细粉）等原料。原料的理化指标见表 7.1。设计了 50MPa、75MPa 和 100MPa 三个成型压力对气幕挡墙材料性能的影响。配料方案按正交试验设计中的 A_1、B_2、C_2、D_2 方案，即 2 号方案进行配料。

实验过程与试验检测同 7.2.3 节。

7.8.2 实验数据分析与处理

表 7.16 为不同成型压力条件下气幕挡墙材料试样的性能数据。从表中可以发现：当压力升高时，材料各项指标均出现明显的变化，所以气幕挡墙材料在机械成型时，一定要严格控制材料的成型压力，否则很容易出现偏差。

表 7.16 不同成型压力对气幕挡墙材料的实验数据

成型压力/MPa	耐压强度/MPa	高温抗弯强度/MPa	体积密度/g·cm⁻³	显气孔率/%	透气度/μm²
50	6	1.64	2.57	27.84	6.64
75	9	2.28	2.71	25.50	3.06
100	17.0	2.65	2.80	22.15	2.06

图 7.9 和图 7.10 分别为成型压力与材料透气度和高温抗弯强度的关系。从图 7.9 和图 7.10 中可以看出，当材料的成型压力从 50MPa 增加到 75MPa 时，材料的透气度降低了一半还多。同时高温抗弯强度由 1.64MPa 增加到了 2.28MPa，增加了约 40%，可见成型压力对弥散型透气材料的性能影响和显著。所以在实际

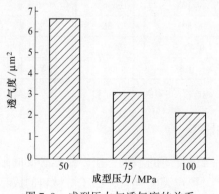

图 7.9 成型压力与透气度的关系

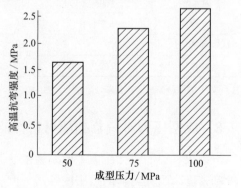

图 7.10 成型压力与高温抗弯强度的关系

生产中应该综合材料的各项性能以及材料的微观结构综合选择成型压力。

　　图 7.11 所示为不同成型压力对试样微观结构的影响。从图中可以看出，当材料的成型压力从 50MPa 增加到 100MPa 时，材料的气孔形状和分布发生了明显的变化。从 7.11（a）中可以看到材料的 0.5mm 的大气孔较多，而且有些形成了连续分布，这对将来在应用中产生连续分布的微小气泡不利；从图 7.11（b）中可以看到材料的 0.5mm 的大气孔很少，而且各气孔间为不连续分布，气孔的直径多分布在 0.01~0.2mm 之间，分布合理，利于微小气泡的产生；从图 7.11（c）中可以看到材料中没有 0.5mm 的大气孔，而且各气孔间为不连续分布，气孔的直径多分布在 0.01~0.1mm 之间，分布不合理，透气度偏小，不利于材料中微小气泡的产生。因此综合材料的各项性能和微观结构分析，采用 75MPa 的成型压力是生产气幕挡墙材料最合适的压力。

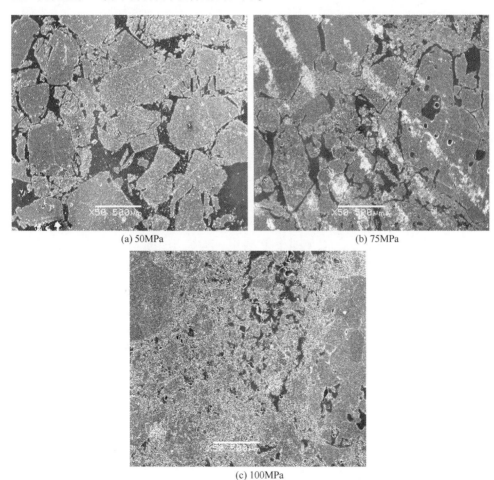

(a) 50MPa　　　　　　　　　　　　　(b) 75MPa

(c) 100MPa

图 7.11　不同成型压力下试样的 SEM 图片（50×）

7.9　镁钙锆质气幕挡墙材料的研究

7.9.1　实验方案

在上述实验的基础上，以电熔镁砂（1~0.2mm）为骨料，加入少量分析纯 $CaCO_3$ 微粉（中位粒径为 7.6μm）、工业级 ZrO_2 微粉（纯度≥99.5%（质量分数），中位粒径为 4.0μm）及分析纯锆酸钙微粉 1（中位粒径为 7.4μm）和实验室制得的锆酸钙粉 2（粒度<0.074mm），研究预合成锆酸钙和反应生成锆酸钙对镁钙锆质气幕挡墙材料性能的影响。实验方案见表 7.17。

表 7.17　锆酸钙对气幕挡墙材料影响的实验方案（质量分数）　　　（%）

编号	电熔镁砂 （1~0.2mm）	$CaCO_3$ 微粉	ZrO_2 微粉	锆酸钙 微粉 1	锆酸钙 微粉 2
1 号	87	5.5	7.5		
2 号	87			13	
3 号	87				13
4 号	87	3.5	4.5	5	
5 号	87	3.5	4.5		5

将各原料称量后，用小型湿碾机进行混料。混料时，先加入电熔镁砂（1~0.2mm）预混 2min，使镁砂颗粒料混合均匀；然后外加 3.5%（质量分数）一定浓度的六偏磷酸钠有机溶液，混合 1min 后加入粉料并继续混练 15~20min 左右。将混练好的物料在 200t 液压机下以 75MPa 的压力压制成 130mm×40mm×40mm 和 φ50mm×50mm 的试样。试样先在 110℃ 保温 24h 干燥，然后在高温马弗炉中 1600℃ 烧成，保温时间为 3h。升温曲线为：室温~500℃，8℃/min；500~1000℃，5℃/min；1000~1600℃，3℃/min。试样烧成后随炉冷却备用。

7.9.2　实验数据

对制备的试样经低温（110℃×24h）烘烤和高温（1600℃×3h）烧成后对试样进行检测，本实验主要检测线变化率、耐压强度、高温抗弯强度、常温抗弯强度、体积密度、显气孔率、透气度等指标。对检测的各项物理指标进行记录见表 7.18。

表 7.18　锆酸钙对气幕挡墙材料影响的实验数据

编号	线变化率/%	耐压强度/MPa	高温抗弯强度/MPa	体积密度/g·cm⁻³	显气孔率/%	透气度/μm²	常温抗弯强度/MPa
1号	+0.1	29.4	2.64	2.90	22.3	1.60	5.3
2号	+0.05	38	3.04	2.94	21.3	1.55	6.6
3号	+0.05	40	3.06	2.94	21.4	1.55	6.8
4号	+0.08	35	2.98	2.93	21.6	1.57	5.9
5号	+0.08	36	2.95	2.92	21.7	1.56	6.1

7.9.3　实验数据分析与讨论

图 7.12 为 1600℃保温 3h 后不同形式的锆酸钙与试样线变化率的关系。从图中可以看出，原位生成的锆酸钙试样的线变化率最大，预合成锆酸钙对材料的线变化率影响最小，复合加入的情况居中。出现这种情况的原因与材料中生成锆酸钙时产生加大的体积膨胀有直接的关系，原位生成锆酸钙材料的质量越多，膨胀越大，试样的线变化率也越大。

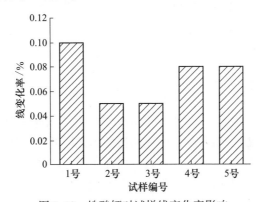

图 7.12　锆酸钙对试样线变化率影响

图 7.13 为 1600℃保温 3h 后不同形式的锆酸钙与试样高温抗弯强度的关系。从图中可以看出，加入原位生成的锆酸钙试样的高温抗弯强度最小，而预合成锆酸钙对材料的高温抗弯强度最大，复合加入的情况居中。出现这种情况的原因与材料中生成锆酸钙时产生较大的体积膨胀有直接的关系，原位生成锆酸钙材料的质量越多，膨胀越大，试样的高温抗弯强度也越小。

图 7.14 为 1600℃保温 3h 后不同形式的锆酸钙与试样常温耐压强度与常温抗弯强度的关系。从图中可以看出，加入原位生成的锆酸钙试样的常温强度最小，而预合成锆酸钙对材料的常温强度最大，复合加入的情况居中。出现这种情况的原因与材料中生成锆酸钙时产生加大的体积膨胀有直接的关系，原位生成锆酸钙材料的质量越多，膨胀越大，试样的常温强度也越小。

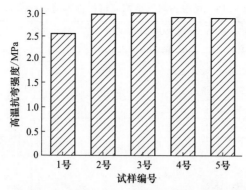

图 7.13 锆酸钙对试样高温抗弯强度的影响

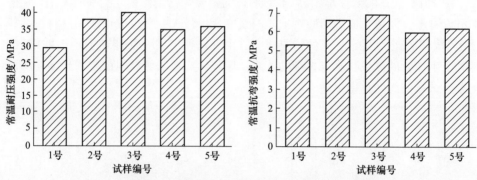

图 7.14 不同形式的锆酸钙对试样常温耐压和常温抗弯强度的影响

图 7.15 为 1600℃保温 3h 后不同形式的锆酸钙与试样体积密度与显气孔率的关系。从图中可以看出，加入原位生成的锆酸钙试样的致密度最小，而预合成锆酸钙对材料的致密度最大，而复合加入的情况居中。出现这种情况的原因还是与材料中生成锆酸钙时产生加大的体积膨胀有关系，原位生成锆酸钙材料的质量越多，膨胀越大，试样的致密度也越小。

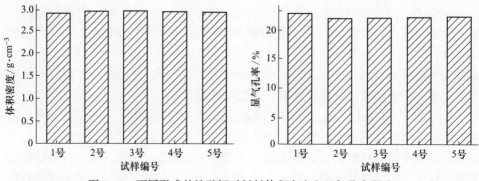

图 7.15 不同形式的锆酸钙对材料体积密度和显气孔率影响

　　图 7.16 为 1600℃保温 3h 后不同形式的锆酸钙与试样透气度的关系。从图中可以看出，加入原位生成的锆酸钙试样的透气度最大，而预合成锆酸钙的透气度最小，复合加入的情况居中；但是它们的透气度都在 $1.55 \sim 1.6 \mu m^2$ 之间，透气度的差别并不大。主要原因是透气度主要受临界粒度、颗粒级配和成型压力影响，当材料的临界粒度、颗粒级配和成型压力确定后，基质部分细粉成分的变化对材料的透气度影响很小。

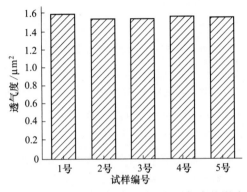

图 7.16　不同形式锆酸钙对材料透气度的影响

7.10　几种碱性气幕挡墙材料性能对比

　　为了对比研究不同材质的碱性气幕挡墙材料，将实验中优化出的方镁石-尖晶石质气幕挡墙材料和镁钙锆质气幕挡墙材料按表 7.19 进行配料后，在耐火企业用 630t 的摩擦压砖机成型，再经 1600℃高温隧道窑烧成后进行相关性能的检测；并与某企业生产的镁质复合气幕挡墙材料对比分析。表 7.20 为几种气幕挡墙材料的理化指标。从表 7.20 可以看出，按上述实验方案生产的两款气幕挡墙材料的指标与企业生产的镁铝质气幕挡墙材料的理化指标相近，可以满足钢铁企业的生产要求。同时考虑到 No.2 方案中没有添加氧化铝和氧化铬等材料，No.2 方案生产的材料对钢液的洁净度更有保障，使用效果要更好。

表 7.19　现场生产方案（质量分数）　　　　　　　　（%）

编号	电熔镁砂 (1~0.2mm)	电熔镁砂细粉 (0.044mm)	尖晶石细粉 (0.044mm)	$CaCO_3$ 微粉 (0.044mm)	ZrO_2 微粉 (0.044mm)	锆酸钙微粉 (0.044mm)
No.1	87	8	5			
No.2	87			3.5	4.5	5

表 7.20　气幕挡墙材料的实验数据

编号	线变化率/%	耐压强度/MPa	高温抗弯强度/MPa	体积密度/g·cm⁻³	显气孔率/%	透气度/μm²	常温抗弯强度/MPa
No. 1	0.05	26	2.50	2.66	23.6	1.65	5.6
No. 2	0.02	35	2.98	2.73	24.6	1.77	5.9
企业		30	2.51	2.72	24.2	1.75	5.5

7.11　现场应用

7.11.1　现场使用条件

为了检验试验生产出的气幕挡墙使用效果，选择在国内某钢厂进行实验，试验用气幕挡墙材料的尺寸及结构如图 7.17 所示。现场用矩形中间包正常液位时的容量大小为 35t，液面高度 1100mm，大包铸流落点至中间包浸入式水口间距 3000mm，钢包标准容量为 120t。使用的是 1 机 1 流直弧型板坯连铸机。浇注的板坯的宽厚尺寸为 1700mm×210mm。浇注的钢种为 PC 钢；拉坯速度为 1.3m/min。

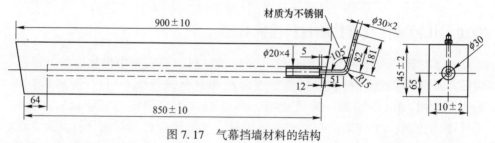

图 7.17　气幕挡墙材料的结构

7.11.2　气幕挡墙使用情况

气幕挡墙材料选择安装在导流隔墙与湍流器之间，如图 7.18 所示。试验中试验了依照表 7.19 的实验方案生产的 No. 1 和 No. 2 两块气幕挡墙材料，两块气幕挡墙材料的理化指标见表 7.20。开浇之前开始吹氩，压力为 0.3MPa；待中间包液面稳定后，压力调整为 0.2MPa，从第 3 包钢液拉出的钢坯上取一个钢坯样（标记为 3 号）；然后在第 4 包停止吹氩，从第 6 包钢液拉出的钢坯上再取一个钢坯样（标记为 6 号），最后将两个钢坯样进行对比。

两块气幕挡墙材料每次浇钢 16h。表 7.21 为 No. 1 和 No. 2 两块气幕挡墙材料吹气前后 3 号和 6 号钢坯的夹杂物分级表。从表 7.21 可以看出，使用气幕挡墙材料的 3 号钢坯的夹杂物数量明显比没有使用气幕挡墙的 6 号钢坯夹杂物数量少，说明气幕挡墙材料有比较明显的去除夹杂物的作用。

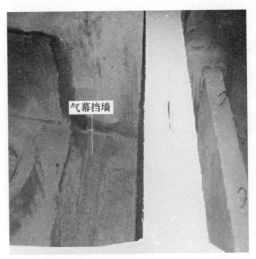

图 7.18   气幕挡墙材料在中间包内的安装位置

表 7.21   3 号和 6 号钢坯的夹杂物的分级

编　号		A	B	C	D	总级别
第一块气幕挡墙材料	3 号	1.5	0.5	3.0	1.5	6.5
	6 号	1.0	0	1.5	1.0	3.5
第二块气幕挡墙材料	3 号	1.5	0.5	3.0	1.5	6.5
	6 号	1.0	0	1.0	1.0	3.0

注：以上夹杂物级别为所取钢样夹杂物的平均级别。其中：A—硫化物类、B—氧化铝类、C—硅酸盐类、D—球状氧化物类。

7.11.3   电镜分析

7.11.3.1   No.1 气幕挡墙材料试验

图 7.19 所示为 No.1 气幕挡墙材料使用后前后钢样放大 100 倍的电镜对比图片，图 7.19（a）为不使用气幕挡墙材料的钢坯照片，钢坯编号 6 号；图 7.19（b）为使用气幕挡墙材料的钢坯照片，钢坯编号 3 号。从图 7.19 的对比图片可以看出，不使用气幕挡墙材料的 6 号钢坯样内部有较多的小裂纹，而且裂纹存现长条形状；而使用气幕挡墙材料后的 3 号钢坯样内部没有裂纹，只有一定数量的小的圆形气孔，说明气幕挡墙材料对钢坯中的裂纹的大小和形状有一定的影响。

7.11.3.2   No.2 气幕挡墙材料试验

图 7.20 所示为 No.2 气幕挡墙材料使用前后钢样放大 100 倍的电镜图片。图 7.20（a）为不使用气幕挡墙材料的钢坯照片，钢坯编号 6 号；图 7.20（b）为

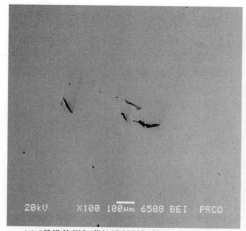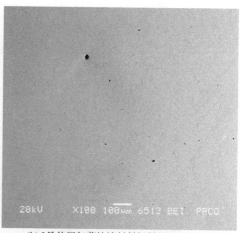

(a) 6号没使用气幕挡墙材料钢样的SEM(100×)　　　(b) 3号使用气幕挡墙材料钢样的SEM(100×)

图 7.19　No.1 气幕挡墙材料使用前后钢样的 SEM

使用气幕挡墙材料的钢坯照片，钢坯编号 3 号。从图 7.20 的对比图片可以看出，不使用气幕挡墙材料的 6 号钢坯样内部有较多的小裂纹，而且裂纹存现长条形状；而使用气幕挡墙材料后的 3 号钢坯样内部没有裂纹，仅有少量气孔，而且内部的圆形气孔比使用 No.1 气幕挡墙材料钢坯样的气孔要小，要少，可见 No.2 气幕挡墙对铸坯质量的影响要比 No.1 气幕挡墙材料更有利。

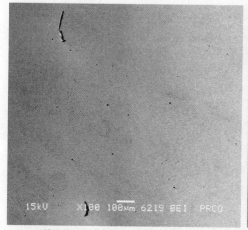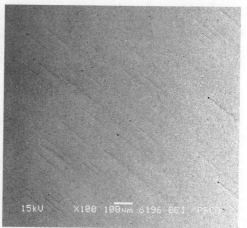

(a) 6号没使用气幕挡墙材料钢样的SEM(100×)　　　(b) 3号使用气幕挡墙材料钢样的SEM(100×)

图 7.20　No.2 气幕挡墙材料使用前后钢样的 SEM

　　为了分析气幕挡墙材料使用后对钢坯中夹杂元素的影响，对使用 No.2 气幕挡墙材料前后钢样在放大 100 倍下的情况下进行了面扫描，扫描图片如图 7.21 所示。左侧为 100 倍下不用气幕挡墙材料的钢坯样 6 号中 Al、Si、Mg、Mn、S、P

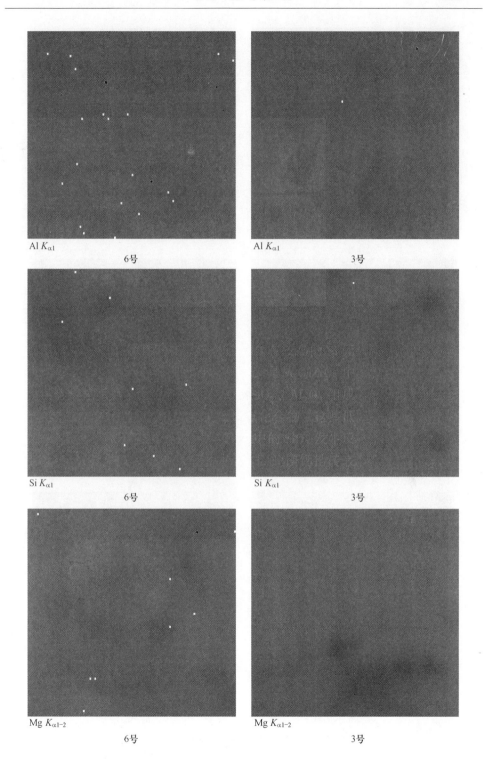

Al $K_{\alpha1}$

6号

Al $K_{\alpha1}$

3号

Si $K_{\alpha1}$

6号

Si $K_{\alpha1}$

3号

Mg $K_{\alpha1-2}$

6号

Mg $K_{\alpha1-2}$

3号

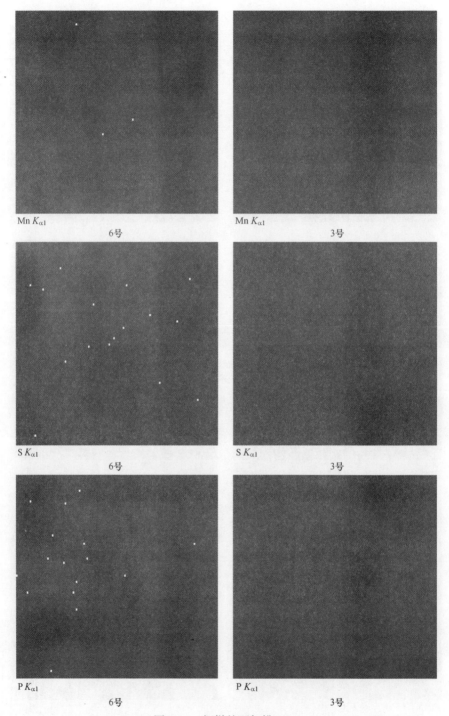

图 7.21　钢样的面扫描 SEM

（6 号为没使用气幕挡墙材料（100×）；3 号为使用气幕挡墙材料（100×））

元素扫描照片，右侧为使用气幕挡墙材料的钢坯样 3 号中 Al、Si、Mg、Mn、S、P 元素扫描照片。从对比照片可以看出，使用气幕挡墙材料后钢坯内的各种杂质都有了明显的减少，说明气幕挡墙材料的使用对各种杂质的去除有明显的效果，其分析结果也与表 7.21 的分析结果相对应。

本 章 小 结

本章通过研究临界粒度、成型压力、颗粒级配对 $MgO\text{-}CaO \cdot ZrO_2$ 质气幕挡墙材料性能的影响以及钢铁企业的应用分析，得出如下结论：

（1）临界颗粒越大，气幕挡墙材料中的气孔当量直径越大；中间包气幕挡墙材料的临界粒度选择 1mm 时，可以获得气孔半径小于 0.5mm 的材料。

（2）成型压力对气幕挡墙材料的透气性能影响很大，成型压力越大，气幕挡墙材料的气孔越小、透气度越低；气幕挡墙材料合适的成型压力应选择为 75MPa。

（3）从气幕挡墙材料的颗粒级配来看：引入 87%（质量分数）1~0.2mm 电熔镁砂、8%（质量分数）$\alpha\text{-}Al_2O_3$ 微粉、4%（质量分数）0.044mm 的电熔镁砂细粉和 1%（质量分数）工业氧化铬粉是生产镁质气幕挡墙材料最佳的配料方案。

（4）当气幕挡墙材料的临界粒度、颗粒配比和成型压力确定后，基质成分的变化对透气度的影响不大。

（5）采用质量分数 87% 1~0mm 电熔镁砂作为骨料，基质部分采用质量分数 5% 的预合成锆酸钙和 8% 的原位生成锆酸钙的配料方案可以制得透气性稳定、高温抗弯强度较大的镁钙锆质气幕挡墙材料。

（6）通过工厂试制的两种气幕挡墙材料在现场的实际应用发现，气幕挡墙材料的使用明显减少了钢坯内部裂纹，各种夹杂物和夹杂元素也都得到了明显的减少；而且从使用后铸坯的质量情况来看，镁钙锆质气幕挡墙材料要优于镁质气幕挡墙材料的使用效果。

8 镁钙锆砖在钢厂的应用

8.1 钢厂试验背景条件

太钢二炼钢新钢厂于 2006 年 8 月正式建成投产,有碳钢和不锈钢两条生产系统。两条生产系统的主要工艺设备集中布置的一个主厂房内。主要产品:碳结钢、低合金结构钢、造船钢、优碳钢、汽车大梁钢、管线钢、集装箱钢等碳钢品种和 AISI300、AISI400、AISI200 系统、耐热钢等不锈钢品种。不锈钢冶炼系统主要包括 1 座 180t 顶底复吹脱磷转炉,2 座 160t 电炉,2 座 180t AOD 炉,1 座 180t 双工位 LF 炉,产出的钢水由 2 台 1 机一流的不锈钢板坯连铸机进行浇铸。

承接 AOD 炉不锈钢钢水走 LF 炉精炼钢包的内衬材料一直使用烧成镁钙砖,由于镁钙砖的热震稳定性、体积稳定性差,加之在更换透气座砖时需要急剧降温至 70℃ 左右,导致熔池剥落掉砖和拉缝,钢包包龄下降,平均寿命仅为 38 炉。严重制约了钢产量,并增加了工人劳动强度。

针对太钢不锈钢包内衬砖出现的热剥落和产生拉缝现象,根据前几章的实验结果推出了 $MgO \cdot CaO\text{-}DZrO_2$ 砖和 $MgO\text{-}CaZrO_3$ 两种镁钙锆砖的试验砖作为太钢不锈钢钢包衬砖进行实验。

8.2 试验过程

两种镁钙锆试验砖各 3 套,共 6 个钢包。每套试验砖砌 3 个钢包。每套试验砖 25t,钢包配置及砖型尺寸见表 8.1。砌筑方式和以往相同,即干砌。每层用背缝料找平,包口用可塑料收口。砌筑完的钢包需要烘烤 18h 后等待使用。

表 8.1 钢包配置及砖型尺寸

部位	砖型	材 质		尺寸/mm	备注
		A	B		
包底	30/0	MCa30A	MCa30A	300×150×100	—
熔池	8/8	M·CZ-18	MC·Z-18	203.2×154/146×100	1~32 层
	8/40			203.2×170/130×100	
渣线	25/8	MCa30A	MCa30A	250×154/146×100	32~44 层
	25/30			250×165/135×100	

8.3 工业试验参数

试验过程中 LF 精炼钢包处理的主要钢种及冶炼参数见表 8.2。冶炼铬钢和镍钢时的造渣体系为 CaO-SiO$_2$ 体系，因此渣线砖和熔池顶层砖的侵蚀是 CaO-SiO$_2$ 渣的侵蚀。

表 8.2 冶炼钢种及冶炼参数

冶炼品种	冶炼温度/℃	冶炼时间/min	渣碱度	出钢温度/℃
铬钢	1580	50	2.5~3.5	1520~1540
镍钢	1560			

8.4 维修说明

由于 LF 精炼钢包包底有透气砖，其使用寿命主要决定于透气砖，而透气砖的使用寿命平均只有 12 次，因此文章中提到的小修是指更换透气砖。更换 2 次透气砖的同时需要更换 1 次渣线砖。

8.5 试验结果与分析

8.5.1 试验结果

两套试验砖的使用结果、熔池砖残砖厚度及侵蚀速率见表 8.3。

表 8.3 两套试验砖的使用结果

试验砖	包号	包龄	熔池砖残厚 (min/max)/mm	熔池砖侵蚀速率 /mm·炉$^{-1}$
A	US16	60	147/188	0.77
	US17	61	150/190	1.01
	US14	62	145/185	0.96
B	US12	60	150/190	0.75
	US16	64	140/194	0.95
	US14	62	146/189	0.81

8.5.2 镁钙内衬的使用结果

镁钙内衬的使用结果如图 8.1 和图 8.2 所示。由图 8.1 可以看出镁钙内衬在 LF 精炼钢包使用时的宏观状况：1 次小修时局部区域热面断裂掉砖，整个熔池受到侵蚀，砖表面不是很光滑；个别区域热面碎成小块。图 8.2 是镁钙砖内衬下线时的图片，即小修 2 次，炉龄为 37 炉。从图中可以看出，热面受到的侵蚀均匀，表面光滑；熔池纵向有从上至下的贯穿裂缝，裂缝宽度大约 20mm 左右；拆掉渣线砖后，发现热面至冷端方向大约有 30~35mm 长度断裂。

图 8.1　镁钙内衬 1 次小修的图片　　　　图 8.2　镁钙内衬下线时的图片

8.5.3　M·CZ 内衬的使用结果

图 8.3 所示为 M·CZ 砖内衬在 3 次使用后的图片，从图中可以看出，整个熔池内壁受到的侵蚀比较均匀，砖表面光滑，有贯穿裂缝（裂缝宽度 2mm），与镁钙砖内衬相比其数量少并且裂缝宽度尺寸小得很多。图 8.4 所示为 M·CZ 砖内衬下线时的图片，即经过 4 次小修，炉龄为 61 炉。从图中看出其侵蚀不是很均匀，无纵向裂缝产生；熔池上部、渣线部位侵蚀比较严重，因此导致下线；这两个部位残砖的长度最小的为 80mm。

图 8.3　M·CZ 内衬 3 次小修的图片　　　　图 8.4　M·CZ 内衬下线时的图片

8.5.4 MC·Z内衬的使用结果

图8.5所示为MC·Z砖内衬在3次使用后的图片。从图中可以看出，整个熔池受到侵蚀均匀，砖表面光滑，无纵向裂缝产生。图8.6所示为MC·Z砖内衬下线后的图片，即小修4次，炉龄为62炉。从图中可以看出，整个熔池受到的侵蚀均匀，表面光滑；但是在透气砖外侧从包底往上5层熔池砖的热面出现掉砖，熔池上部渣线下的部位侵蚀成凹坑，无纵向裂缝的产生。

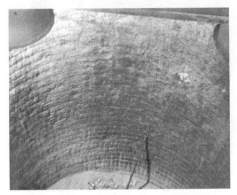

图8.5 MC·Z内衬3次小修的图片　　　　图8.6 MC·Z内衬下线时的图片

8.5.5 侵蚀机理分析

对比渣线下方熔池顶层的M·CZ残砖和MC·Z残砖发现二者的侵蚀机理一致。因此本章将二者统称为镁钙锆砖。镁钙锆砖同镁钙砖一样——残砖表面不挂渣，表面光滑。图8.7和图8.8所示为工业试验后镁钙锆砖的EPMA分析图。

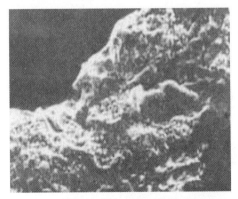

图8.7 镁钙锆砖的EPMA分析（160×）　　图8.8 镁钙锆砖的EPMA分析（400×）

由于钢渣是CaO-SiO_2渣，所以SiO_2的进入促进了$CaZrO_3$的分解，即CaO

从 $CaZrO_3$ 中脱离，在反应层形成了流变形态（CaO 的扩散通道），如图 8.8 所示。镁钙锆砖接触钢水的一侧为低熔点的铝硅酸盐相，在其基质中分布着细小的 ZrO_2 颗粒，其 X 射线扫描分析如图 8.9 所示。可以看出，深色区域 Si 含量较高，浅灰色区域（Ca、Al、Si）含量较高，白色区域为 $CaZrO_3$。

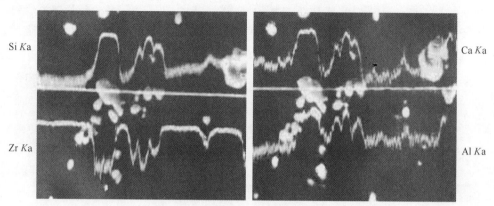

图 8.9　镁钙锆砖的 X 射线扫描分析

镁钙锆砖的组织形貌如图 8.10 所示。由图可见，深色区域含有较高的 Si 元素，浅色区域 Ca、Al、Si 均较高，白色区域有细小的 ZrO_2 颗粒，是从 $CaZrO_3$ 中分解出来的。从而进一步说明形成的低熔点化合物是由 CaO、SiO_2、Al_2O_3 组成的。在 $CaZrO_3$ 晶粒周围存在有 CaO、SiO_2、Al_2O_3 组成的低熔点化合物，这些低熔点化合物进一步促使 $CaZrO_3$ 分解，而分解出的 CaO 则与钢水中的 SiO_2 发生反应，生成的 CaO-SiO_2 化合物溶于液相中，被流动的钢水冲走。因此镁钙锆砖表面不挂渣。而对 MgO 的侵蚀是基质中的 CaO 共同反应生成低熔点相钙镁橄榄石，使方镁石的结合强度降低，肢解方镁石的骨架结构，从而使砖的使用寿命降低。

图 8.10　镁钙锆砖的 EPMA 分析（860×）

　　从工业试验结果来看，两种镁钙锆砖的使用炉龄相近，平均为 61 炉和 62 炉。说明镁钙锆砖完全可以适应 LF 精炼钢包的冶炼条件，同时可取代常规的烧成镁钙砖。

　　M·CZ 砖和 MC·Z 砖在使用过程中有区别。M·CZ 砖在小修时仍然存在裂缝，而 MC·Z 砖则没有裂缝。虽然两种产品都满足了钢厂使用的需要，但是从下线的结果来看，M·CZ 砖受到的侵蚀比较严重。说明 M·CZ 砖还存在着缺陷，需要进一步研究。

参 考 文 献

[1] 徐匡迪. 关于洁净钢的若干基本问题 [J]. 金属学报, 2009, 45 (3): 257-269.

[2] 蔡开科. 连铸坯裂纹 [J]. 钢铁, 1980, 17 (9): 45-55.

[3] 师昌绪. 材料大辞典 [M]. 北京: 化学工业出版社, 1994: 99.

[4] 张立峰, 吴巍, 蔡开科. 洁净钢中杂质元素的控制 [J]. 炼钢, 1996: 36-42.

[5] 蒋国昌. 纯净钢及二次精炼 [M]. 上海: 上海科技出版社, 1996: 103.

[6] 蔡开科, 程士富. 连续铸钢原理与工艺 [M]. 北京: 冶金工业出版社, 2008: 8-10.

[7] 蔡开科. 连铸坯质量控制 [M]. 北京: 冶金工业出版社, 2010: 1-3.

[8] 殷瑞钰. 高效率、低成本洁净钢 "制造平台" 集成技术及其动态运行 [J]. 钢铁, 2012, 47 (1): 1-8.

[9] 朱苗勇, 译. 洁净钢生产的中间包技术 [M]. 北京: 冶金工业出版社, 2009: 12-27.

[10] 王军. 中薄板坯连铸钢液纯净度控制理论工艺与应用研究 [D]. 沈阳: 东北大学, 2008.

[11] 韩斌, 刘玉泉, 刘广利. 供气元件在炼钢工艺中的应用 [J]. 耐火材料, 2003, 37 (6): 358-360.

[12] 林育炼. 国外透气砖材料的发展概况 [J]. 耐火材料, 1971, 增刊-1: 1-7.

[13] Yamanaka H. Effect of argon bubbling of in tundish on removal of non-metal inclusion in slab [J]. Tetsu-to-Hagnane, 1983, 69 (4): 213-216.

[14] 张美杰, 汪厚植, 顾华志, 等. 中间包吹氩技术的研究进展 [J]. 炼钢, 2005, 21 (6): 53-56.

[15] 王中元. 关于中间包水口吹氩的水模拟试验 [J]. 四川冶金, 1984, 5 (1): 12-16, 25.

[16] Bai Hua, Thomas Briang. Bubble Formation during Horizontal Gas injection into Downward-Flowing Liquid [J]. Metallurgical and Materials Transactions B, 2001, 32: 1143-1159.

[17] 王占国, 杨杰, 马永红, 等. 吹氩上水口在连铸生产中的应用 [J]. 河北冶金, 2011, 182 (2): 22-25.

[18] 成旭东, 徐学良, 唐志军, 等. ML08Al 水口堵塞的研究与解决 [J]. 连铸, 2012 (1): 13-16.

[19] 曾建华, 礼重超, 陈天明, 等. 中间包塞棒吹氩技术的应用 [J]. 钢铁钒钛, 1999, 20 (3): 25-29.

[20] 游杰刚, 张国栋, 金永龙, 等. 烧结方式对合成锆酸钙材料结构和性能的影响 [J]. 耐火材料, 2015, 49 (2): 110-112, 116.

[21] 高配亮, 张国栋, 游杰刚, 等. 不同含钙原料对 $CaZrO_3$ 合成的影响 [J]. 耐火材料, 2014, 48 (4): 266-268.

[22] 游杰刚, 张国栋, 高配亮, 等. 氧化铝对锆酸钙材料组成和结构的影响 [J]. 材料热处理学报, 2014, 35 (5): 39-43.

[23] 游杰刚, 张国栋, 金永龙, 等. 二氧化硅对锆酸钙材料结构及性能的影响 [J]. 人工晶体学报, 2014, 43 (5): 39-43.

[24] 沈大卫, 游杰刚, 高配亮, 等. 成型压力对合成 CaZrO$_3$ 材料性能的影响 [J]. 耐火与石灰, 2013, 41 (5): 5-6, 10.

[25] 游杰刚, 张国栋, 苏广深. MgO-CaO-ZrO$_2$ 材料生产工艺因素研究 [J]. 耐火材料, 2011, 45 (4): 274-277.

[26] Lang Jiefu, You Jiegang, Zhang Xiaofang, et al. Effect of MgO on thermal shock resistance of CaZrO$_3$ ceramic [J]. Ceramics International, 2018, 44: 22176-22180.

[27] Lang Jiefu, Zhang Hui-min, You Jiegang, et al. Study on the sintering of Y$_2$O$_3$ on CaZrO$_3$ Ceramic [J]. International Ceramic Review, 2018, 67 (6): 44-49.

[28] 刘国梁, 苑品, 季晨曦, 等. 板坯连铸中间包气幕挡墙夹杂物去除的研究 [J]. 炼钢, 2012, 28 (3): 57-60, 69.

[29] Ramos-Banderas A. Mathematical simulation and modeling of steel flow with gas bubbling in trough type tundishes [J]. ISIJ international, 2003, 43 (5): 653-662.

[30] Zamora A, Morales R D. Driven Water Flows Under Gas Bubbling and Thermal Stratifieation Conditionsina Tundish Model [J]. Metallurgieal and Materals Transaetion B, 2004, 35B (4): 247-250.

[31] 陶立群, 姜茂发, 王德永, 等. 连铸中间包底吹氩物理模拟和工业实践 [J]. 钢铁, 2006, 41 (5): 32-35.

[32] Ramos-Banderas A, Morales R D. Mathematical simulation and modeling of steel flow with gas bubbling in trough type tundish [J]. ISIJ International, 2003, 43 (5): 653-662.

[33] Noriko Kubo, Toshio Ishi, Jun Kubota. Two phase flow numerical simulation of molten steel and argon gas in a continuous casting mold [J]. ISIJ International, 2002, 42 (11): 1251-1258.

[34] Sahai Y, Ahuja R. Fluid Flow and Mixing of Meltin Steelmaking Tundishes [J]. Ironmaking and Steelmaking, 1986, 13 (5): 241-24.

[35] 丰文祥, 陈伟庆, 赵继增. 中间包吹氩去除钢液夹杂物 [J]. 北京科技大学学报, 2010, 32 (4): 425-431.

[36] Feng W X, Chen W Q, Zhao J Z. Water model study on inclusion removal in tundish with argon bubbling [J]. Iron Steel, 2009, 44 (10): 2-6.

[37] Takatani Kouji, Tanizawa Yoshinori, Mizukami Hideo, et al. Mathematical Model for Transient Fluid Flow in a Continuous Casting Mold [J]. ISIJ International, 2001.

[38] 薛正良, 王义芳, 王立涛, 等. 用小气泡从钢液中去除夹杂物颗粒 [J]. 金属学报, 2003, 39 (4): 431-436.

[39] 何渊明, 吴凯军. 高寿命弥散型透气砖的研制及应用 [J]. 耐火材料, 1996, 30 (1): 30-32.

[40] 林育炼. 耐火材料与洁净钢生产技术 [M]. 北京: 冶金工业出版社: 299-230.

[41] 刘浩斌. 颗粒尺寸分布与堆积理论 [J]. 硅酸盐学报, 1991, 19 (2): 164-172.

[42] 张美杰. 中间包气幕挡墙的结构优化及其来杂物去除的数学物理模拟 [D]. 武汉: 武汉科技大学, 2006.

[43] 朱永军. 中间包刚玉-莫来石质气幕挡墙的研究 [D]. 武汉: 武汉科技大学, 2005.

[44] 丁钰，刘开琪，王秉军. 颗粒级配和结合体系对弥散式透气砖性能的影响 [J]. 耐火材料，2013，47（1）：39-42.

[45] 史绪波，孟红涛，王允，等. 中间包用弥散式镁质透气砖：中国，200710129742. 4 [P]. 2007-07-25.

[46] 丰文祥，陈伟庆，赵继增. 浇注成型刚玉质弥散型透气砖的性能研究 [J]. 耐火材料，2009，43（3）：218-221.

[47] Kaufmann B, Koch E, Niedermary A, et al. Purging in the tundish-improving Micropurity in high-quanlity steel grades [J]. Veitsh-radex rundschau, 1996, 3 (1): 34-43.

[48] 徐向阳，张晓光，张晓军，等. 鞍钢宽厚板坯中间包气幕挡墙研究 [J]. 鞍钢技术，2012，376（4）：17-20.

[49] 薛文辉，宋满堂，陈立群. 中间包气幕挡墙的应用研究 [J]. 耐火材料，2003，37（6）：364-365.

[50] 崔衡，唐德池，包燕平. 中间包底吹氩水模型试验及冶金效果 [J]. 钢铁钒钛，2010，31（21）：36-39.

[51] 程乃良. 梅钢40t板坯中间包的工业试验与仿真分析 [J]. 中南工业大学学报（自然科学版），2001，（1）：36-40.

[52] 陈肇友. 化学热力学与耐火材料 [M]. 北京：冶金工业出版社，2005：431-449.

[53] 凌继栋. 锆酸钙耐火材料简介 [J]. 硅酸盐通报，1986，5（3）：26-30.

[54] 朱伯铨，钱忠俊，盛敏琪. 组成对 $MgO-ZrO_2-CaO$ 系合成料结构与性能的影响 [J]. 耐火材料，2005，39（2）：81-84.

[55] Nadler M R, Fitzsimmons E S. Preparation and Properties of Calcium Zirconate [J]. Journal of the American Ceramic Society, 1955, 38 (6): 214-217.

[56] Toshio Kawamuraete. Development of a High Corrosion Resistanee Material for the Powder Line of Submerged Nozzles [J]. Taikabutsu Overseas, 1998, 18 (2): 44-48.

[57] 李红霞，王金相，姬宝冲. 防 Al_2O_3 堵塞浸入式水口复合材料的研制 [J]. 耐火材料，1996，30（4）：184-187.

[58] 纪玉玲，译. $ZrO_2-CaO-C$ 质耐火材料对 Al_2O_3 附着性能的改善 [J]. 国外耐火材料，1995，20（1）：37-40.

[59] 平增福，周川生，陈鹏，等. 防堵塞浸入式水口的使用 [J]. 耐火材料，2000，34（2）：90-91，122.

[60] 王培华. $CaO \cdot ZrO_2$ 材料的特性与应用 [J]. 耐火材料，1995，29（3）：177-178.

[61] 王领航. $MgO-CaO-ZrO_2$ 材料的制备与性能研究 [D]. 西安：西安建筑科技大学，2003.

[62] 钱忠俊. $MgO-CaO-ZrO_2$ 原料的合成及应用研究 [D]. 武汉：武汉科技大学，2002.

[63] 王建东. $MgO-CaO-ZrO_2$ 材料合成及应用研究 [D]. 北京：北京科技大学，2009.

[64] Moore R E. Prospects for lime refractories in the production of metals and ceramics [J]. Inter Ceramic, 1986, 35 (4): 19-21.

[65] 苏广深. 水泥回转窑烧成带用 $MgO-CaO-ZrO_2$ 砖 [D]. 鞍山：辽宁科技大学，2008.

[66] Guo Z Q. Bonding of cement clinker onto Doloma-based refractories [J]. J Am Ceram Soc,

2005, 88: 1481-1487.

[67] Iwahara H, Esaka T, Uchida H, et al. Proton conduction in sintered oxides and its application of steam electrolysis for hydrogen production [J]. Solid State Ionics, 1981 (3/4): 359-363.

[68] Yajima T, Iwahara H. CaZrO₃-type hydrogen and steam sensors: Trial fabrication and their characteristics [J]. Sensors and Actuators B: Chemical, 1991, 5 (2): 145-147.

[69] Wang Changzhen, Xu Xiuguang, Yu Hualong, et al. A study of the solid electrolyte Y_2O_3-doped CaZrO₃ [C]//Proceedings of the 6th International Conference on Solid State Ionics, Garmisch-Partenkirchen, FRG. 1988: 542-545.

[70] Pollet M, Marinel S, Desgardin G. CaZrO₃, a Ni-co-sinterable dielectric material for base metal-multilayer ceramic capacitor applications [J]. Journal of the European Ceramic Society, 2004, 24 (1): 119-127.

[71] Han Jinduo, Wen Zhaoyin, Zhang Jingchao, et al. Fabrication of dense $CaZr_{0.90}In_{0.10}O_{3-\delta}$ ceramics from the fine powders prepared by an optimized solid-state reaction method [J]. Solid State Ionics, 2008, 179 (21-26): 1108-1111.

[72] 陈德平, 赵海雷, 钟香崇. CaZrO₃ 的固相反应合成及其烧结实验 [J]. 耐火材料, 1999, 33 (6): 313-315, 328.

[73] 赵迎喜. 微波烧结 CaZrO₃ 陶瓷的研究 [J]. 现代技术陶瓷, 2005, 105 (3): 15-17.

[74] Marinel S, Pollet M, Desgradin G. Journal of Materials Science: Materials in Electronics, 2002, 13: 149-155.

[75] 林育炼. 洁净钢生产技术的发展与耐火材料的相互关系 [J]. 耐火材料, 2010, 44 (5): 377-382.

[76] Yuasa G, Sugiura S, Fujine M, et al. Effect of refractory on deoxidation in molten steel [J]. Transactions ISIJ, 1983, 23: B289.

[77] 李红霞. 洁净钢冶炼用耐火材料的发展 [C]. 中国耐火材料生产与应用国际大会. 中国广东广州, 2011: 188-192.

[78] McPherson A, Henderson S. The effect of refractoriesmaterials on slab quality [J]. Iron and Steel International, 1983, 56 (6): 203-206.

[79] 洪学勤, 李具中, 易卫东, 等. 洁净钢炉外精炼与连铸用耐火材料及其发展 [J]. 耐火材料, 2012, 46 (2): 81-86, 95.

[80] 战东平, 姜周华, 王文忠. 耐火材料对钢水洁净度的影响 [J]. 耐火材料, 2013, 37 (4): 230-232.

[81] 李楠. 钢与耐火材料的作用及耐火材料的选取 [C]. 耐火材料创刊 40 周年大会, 中国洛阳, 2006: 19-22.

[82] 韩金铎, 温兆银, 张敬超, 等. 锆酸钙基高温质子导体材料 [J]. 化学进展, 2012, 24 (9): 1845-1856.

[83] 梁丽萍, 高荫本, 陈诵英. 共沉淀—超临界流体干燥法合成 CaO-ZrO₂ 复合氧化物超微粉体及其烧结性能研究 (I) 粉体的制备及性能表征 [J]. 硅酸盐通报, 1998, 17 (3): 17-22.

[84] 李光强, 郭振中, 吴大山, 等. 湿化学法制备 $CaZr_{1-x}In_xO_{3-a}$ 及其烧结体的阻抗谱研究 [J]. 硅酸盐学报, 1996, 24 (4): 430-434.

[85] Yajima T, Kazeoka H, Yogo T, et al. Proton conduction in sintered oxides based on $CaZrO_3$ [J]. Solid State Ionics, 1991, 47 (3): 271-275.

[86] Leenvan Rij, Louis Winnubst, Le Jun, et al. Analysis of the preparation of In-doped $CaZrO_3$ using a peroxo-oxalate complexation method [J]. Journal of Materials Chemistry, 2000, 10 (11): 2515-2521.

[87] 李玮, 周广军, 张爱玉, 等. 稀土离子掺杂锆酸钙纳米晶的制备及发光性质 [J]. 硅酸盐学报, 2011, 39 (11): 1729-1733.

[88] Guo Z Q. Bonding of cement clinker onto Doloma-based refractories [J]. Journal of the American Ceramic Society, 2005, 88: 1481-1487.

[89] Han Jinduo, Wen Zhaoyin, Zhang Jingchao, et al. Fabrication of dense $CaZr_{0.90}In_{0.10}O_3$-δ ceramics from the fine powders prepared by an optimized solid-state reaction method [J]. Solid State Ionics, 2008, 179 (11): 1108-1111.

[90] 陈树江, 李国华, 田凤仁, 等. 相图分析及应用 [M]. 北京: 冶金工业出版, 2007.

[91] Wu Renping, Ruan Yuzhong, Yu Yan. Characterization of cordierite synthesized from aluminum waste slag [J]. Journal of Synthetic Crystals, 2007, 36 (5): 1091-1095.

[92] 于岩, 阮玉忠, 吴任平. 氧化锌添加剂对固相反应合成镁铝尖晶石的影响 [J]. 材料热处理学报, 2008, 29 (4): 48-51.

[93] 沈阳, 阮玉忠, 于岩, 等. 氧化钒对钛酸铝材料结构及性能的影响 [J]. 材料热处理学报, 2008, 29 (5): 69-71, 75.

[94] 王亚男, 陈树江, 张俊巍, 等. 材料科学基础 [M]. 北京: 冶金工业出版社, 2010: 32-33.

[95] 胡庚祥, 蔡珣, 戎咏华. 材料科学基础 [M]. 上海: 上海交通大学出版社, 2000: 42-47.

[96] Ruan Yuzhong, Yu Yan, Wu Renping. Researches on the Structure and Properties of Mullite Solid Solution Made from Industrial Waste [J]. Chinese Journal of Structural Chemistry, 2006, 25 (8): 965-970.

[97] 罗旭东, 曲殿利, 张国栋, 等. 氧化铬对镁橄榄石材料结构及性能的影响 [J]. 材料热处理学报, 2013, 34 (1): 21-25.

[98] 罗旭东, 曲殿利, 张国栋. Zr^{4+} 对固相反应制备堇青石材料晶相转变的影响 [J]. 无机化学学报, 2012, 28 (4): 745-750.

[99] 陈肇友. 相图与耐火材料 (Ⅱ) [J]. 耐火材料, 2013, 47 (2): 143-151.

[100] 饶东升. 硅酸盐物理化学 [M]. 北京: 冶金工业出版社, 1980: 277-280.

[101] 杨红, 尹国祥, 孙加林. 提高 ZrO_2-CaO-C 浸入式水口抗 Al_2O_3 附着性能的研究 [J]. 材料与冶金学报, 2008, 7 (2): 89-93.

[102] 尹国祥, 杨红, 孙加林. 含 SiO_2 添加剂促进 $CaZrO_3$ 分解机理研究 [J]. 耐火材料, 2006, 40 (6): 426-429.

[103] 杨红, 尹国祥, 孙加林. $CaSiO_3$ 复合添加剂对 $CaZrO_3$-Al_2O_3 接触层抗 Al_2O_3 附着性能影

响 [J]. 稀有金属材料与工程, 2009, 38 (2): 1197-1199.

[104] 梁英教, 车荫昌. 无机物热力学数据手册 [M]. 沈阳: 东北大学出版社, 1993.

[105] 黄希祜. 钢铁冶金原理 [M]. 北京: 冶金工业出版社, 1989: 202-211.

[106] Bannenbeg N. Demands of refractory materials for clean steel production [C]. Uniter'95 congress, Kyoto, Japan, 1995 (1), 36-39.

[107] 李楠. 耐火材料与钢铁的反应及对钢质量的影响 [M]. 北京: 冶金工业出版社, 2005: 139-191.

[108] 李楠, 匡加才. 碱性耐火材料的脱硫作用 [J]. 耐火材料, 2001, 34 (5): 63-65.

[109] 陈肇友, 田守信. 耐火材料与洁净钢的关系 [J]. 耐火材料, 2004, 38 (4): 219-225.

[110] Stubican V S, Ray S P. Phase Equilibria and Ordering in the System ZrO_2-CaO [J]. Am Ceram Soc, 1977, 60 (11-12): 534-537.

[111] 杨志强, 胡桅林, 过增元, 等. 玻璃液中连续鼓泡时气泡形成机理研究 [J]. 玻璃与搪瓷, 1997, 25 (6): 44-49.

[112] 黄奥. 气幕挡墙中间包气泡形成与运动及夹杂物去除的数模研究 [D]. 武汉: 武汉科技大学, 2007.

[113] 于海靖. 气泡形成与运动过程的数值仿真研究 [D]. 天津: 天津大学, 2010.

[114] Hua Bai. Argon bubble behaviour in slide-gate Tundish nozzles during continuous casting of steel slabs [D]. University of Illinois at Urbana-Champaign, 2000.

[115] 金友林. 不锈钢板坯连铸过程钢液流动行为及控制研究 [D]. 北京: 北京科技大学, 2008.

[116] 朱伟勇, 胡晨江. 最优设计的计算机证明与构造 [M]. 沈阳: 东北工学院出版社, 1987: 114-144.

[117] 曹一伟, 张国栋, 游杰刚. 镁质弥散型透气材料用镁砂原料的选择 [J]. 耐火材料, 2017, 51 (6): 459-462.

[118] 曹一伟, 游杰刚, 张国栋. 锆酸钙对镁质弥散型透气耐火材料性能的影响 [J]. 机械工程学报, 2016, 40 (8): 19-22, 26.

[119] 游杰刚, 谢志鹏, 曹一伟, 等. 锆酸钙引入形式对 MgO-$CaZrO_3$ 质弥散型透气材料性能的影响 [J]. 耐火材料, 2016, 50 (2): 91-95.

[120] 曹一伟, 游杰刚, 张国栋, 等. 镁砂临界粒度和颗粒级配对镁质弥散型透气材料性能的影响 [J]. 耐火材料, 2016, 50 (1): 29-32, 37.

[121] 曹一伟, 游杰刚, 高配亮, 等. 锆酸钙加入量对镁质弥散型透气耐火材料性能的影响 [J]. 耐火材料, 2016, 50 (1): 38-41.

[122] Booth F, Garrido L, Aglietti E, et al. $CaZrO_3$-MgO Structural Ceramics Obtained by Reaction Sintering of Dolomite-Zirconia Mixtures [J]. Journal of the European Ceramic Society, 2016, 36 (10): 2611-2626.

[123] Du Y, Jin Z, Huang P. Thermodynamic Calculation of the Zirconia-Calcia System [J]. Journal of the American Ceramic Society, 2010, 75 (11): 3040-3048.

[124] Rodriguez-Galicia J, de Aza A, Rendon-Angeles J, et al. The Mechanism of corrosion of MgO-

calcium silicate materials by cement clinker [J]. Journal of The European Ceramic Society, 2007, 27 (1): 79-89.

[125] Szczerba J, Pedzich Z. The effect of natural dolomite admixture on calcium zirconate-periclase materials microstructure evolution [J]. Ceramics International, 2010, 36 (2): 535-547.

[126] Lee W J, Wakahara A, Kim B H, et al. Decreasing of $CaZrO_3$ sintering temperature with glass frit addition [J]. Ceramics International, 2005, 31 (4): 521-524.

[127] 张汪年. CuO 对锆酸钙性能的影响 [J]. 粉末冶金技术, 2018 (1): 26-30.

[128] Yajima T, Kazeoka H, Yogo T, et al. Preparation and Electrical Properties Sc Doped $CaZrO_3$ [J]. Solid State Ionics, 1991, 47 (3): 271-275.

[129] Li W, Zhou G J, Zhang A Y, et al. Preparation and Luminescence Properties of Rare Earth-Doped Calcium Zirconate Nano crystal [J]. Journal of the Chinese Ceramic Society, 2011, 39 (11): 1729-1733 (in Chinese).

[130] 付鹏, 徐志军, 初瑞清, 等. 稀土氧化物在陶瓷材料中应用的研究现状及发展前景 [J]. 陶瓷, 2008 (12): 7-10.

[131] 安迪, 罗旭东, 刘鹏程, 等. 添加 Er_2O_3 及煅烧温度对固相反应制备 $CaTiO_3$ 材料的影响 [J]. 耐火材料, 2018, 52 (1): 1-5.

[132] Azhar A Z A, Manshor H, Ali A M. XRD investigation of the Effect of MgO additives on $ZTA-TiO_2$ Ceramics Composites [J]. Materials Science and Engineering, 2018, 290: 1-7.

[133] Huang Q Z, Lu G M, Sun Z, et al. Effect of TiO_2 on Sintering and Grain Growth Kinetics of MgO from $MgCl_2 \cdot 6H_2O$ [J]. Metallurgical and Materials Transactions B, 2013, 44 (2): 344-353.

[134] 谢志鹏. 结构陶瓷 [M]. 北京: 清华大学出版社, 2011.